U0628272

清 整 人
单 理 生

黄峰丽—著

江西人民出版社
Jiangxi People's Publishing House
全国百佳出版社

图书在版编目（CIP）数据

人生整理清单 / 黄峰丽著. -- 南昌：江西人民出版社，2022.4

ISBN 978-7-210-13370-4

Ⅰ．①人… Ⅱ．①黄… Ⅲ．①成功心理－通俗读物 Ⅳ.①B848.4-49

中国版本图书馆CIP数据核字(2021)第139482号

人生整理清单

黄峰丽 / 著

责任编辑 / 冯雪松

出版发行 / 江西人民出版社

印刷 / 河北印之杰印刷有限公司

版次 / 2022年4月第1版

2022年4月第1次印刷

880毫米×1230毫米　1/32　8印张

字数 / 140千字

ISBN 978-7-210-13370-4

定价 / 45.00元

赣版权登字-01-2021-411

如有质量问题，请寄回印厂调换。联系电话:13311059978

人生

整理

清单

前言

日常如果没有顿点和反思，生活就会在千头万绪里杂乱无章。

就在写这本书的时候，有一天去探访一位熟识的料理研究家。她拍摄杂志、撰写书籍的同时还要接受电视采访，每天日程都排得满满的，然而每次拍摄流程都一丝不差，出品也往往超出以往地惊艳，镇定的忙碌中一点都没有鸡飞狗跳的慌张。我问她创造力和精力是怎么来的，她告诉我说自己每天早上都要静坐一小时刷新和安定一下自己。

越是忙碌的人，越肯花时间让自己放空和重设。很多人害怕像静坐、读书、喝茶这样看似没有生产性的时间，害怕被认为工作不饱和，仿佛只有产生价值的时间才是有意义的。看起来的忙碌其实是被牵引着旋转，没有几件事出自本意地喜悦和享受。在这样一个越来越需要创造力的时代里，明知道机器似的生存方式有点落伍，却对如何找回自己的生活方式没有头绪。

我理想中的生活是享受闲暇的时候有一个整洁井然的空间，安定地读书写字；忙的时候不慌张，一件件利落地做好；身边物既不过多也不过少，在一贯的审美笼罩中成为和完善自己，享受辗转四季和流逝的时间中忘我沉浸于生活和工作的每一瞬。

　　这本书运用了一个简单易操作的方式——写清单，让自己像小时候那样，一个石子陪伴一下午，一本画册翻看一整天，凭着天性的好奇和感性，简单地生活、直率地说不，大胆拥有梦想，心无牵绊地轻装前行。

　　写这本书的契机是好好虚度时光的祝小兔推荐在平台做音频课，感谢小麦不远千里一起梳理和探讨内容、毫不手软地挖掘我的潜力，感谢宽宽在背后默默地把关。在此特别对这些优秀而有信念的女性们致以谢意。

　　书中列举出的这些清单就像找回自己的树，如果能成为放下心里和外在多余的枝枝叶叶，找到心之所属的根与心之所向的干，成为自由生长，向美而行的一个契机，就是我的荣幸。

黄峰丽

目录

第一章

会生活，是当今重要的软实力

——为什么要过上有序、有效且美的生活

为什么要好好过生活

有没有人想过，为什么要好好过生活？

这本书其实就是讲，怎么样好好过生活，也就是过上有秩序的，有效率的，并且美好的生活，让我们记住这个概念："有序、有效且美"。书中会无数次提到这个概念。我也会在几乎每一章的最后提供一个清单，帮助大家找到自己，清理人生，提升幸福力。在说如何做到之前，先来讲讲为什么要关注生活，以及为什么要好好生活。

纵观历史，被认为是精英的人们有一个共同特点，就是能很好地掌控人生，包括工作、生活、闲暇。他们在没有生存压力的状况下，也能获得自律下的自由。这就是本书里说的，已经过上了有序、有效且美的生活。

说到闲暇，我们会想起一些词，闲得发慌、闲得难受，而忙却不会发慌，为什么呢？回想一下，从古至今，不同人群对待忙和闲的不同态度。

在古代，贵族们提前获得了现代普通人也能拥有的闲暇，已经学会了掌握空闲时间，用来做高于单纯劳动的、更有创造性的事。对他们来说，闲，不但不会心慌难熬，还有条不紊地安排和享受。古人们是很会玩儿的，闲的时候用琴棋书画诗酒花滋养自己，也用这些风雅的活动获得更多志同道合的伙伴，创造了更有价值的艺术作品和思想文献。

而反过来，在我们很多现代人眼里，却只有生存，没有生活。忙，是一件值得骄傲甚至炫耀的事情，因为这代表着生存能力。而闲，意味着活不下去，因此会闲得发慌，闲得难受。我看到一条吐槽说，人们都在社交网络晒假忙碌、假读书，手忙脚乱一通摆拍分享状态，就是害怕别人认为自己无事可做、可有可无。可见，闲，是人们多么恐惧而甚觉羞耻的事。

可是时代不由意志地转变了，机器和机器人剥夺了动手劳动的权利，大多数人都像从前的精英们一样有了空闲时间，本来这是可以听从心愿、点亮真实自己的契机，可为什么闲暇却成了虚无主义的温床，而空虚又成为心理问题的根源了呢？因为以往的教育只教会我们在外压下拼命学习努力工作，还没教会我们怎么从内在长出对知识的好奇，怎么打发空闲以及怎么玩儿。

压力自由下如何享受闲暇

那闲下来的时间怎么办呢？聪明人发明了游戏、数不清的社交软件，来填补一时不知所措的人们的空闲。因为我们害怕无聊，不觉得虚度时光是件美好的事，但是又没学会主动享受时间，也就是既不知道除了生存之外人生还能有什么可以追求，也不会在闲暇之际怡情于物，用音乐、艺术和生活中的美疏散怀抱。于是什么容易，什么成本低就做什么，比如整天打游戏，追剧，甚至社交网络的信息都是越简单越不动脑越好。但是这些行为却让我们离理想和幸福越来越远，虽有当时瞬间的快乐，之后却是无法自拔的自我厌恶和恶性循环。

记得几年前一档综艺节目里，十几位相貌姣好事业有成的年轻女性问一位资深教授，怎样能控制闲暇时间不再没完没了地刷视频、焦虑地等男友的消息，怎么才能不晒自拍而去做更有意义的事。教授说，当你足够忙碌的时候就没有时间刷手机了。可是，说的还是外在压力和忙碌下的自律，当这些压力都不存在了呢？当没有了压力和功利目的，如何从内在找到人生志向，又怎样才能在压力自由的状态下获得更自在的自律呢？这就是这本书里想要讲的，轻松愉快地自律而获得幸福美好的生活。

幸福不是遥不可及的目标，而是当下的体验

　　说到人们想要获得的幸福感，有些幸福离我们很远，比如改变世界格局，比如成功和影响力，这些可能是需要通过长期的、不懈的努力才能达到的。而有些却很近，比如陪伴自己喜欢的人，做一顿饭，插一瓶花。这样看起来，除了琴棋书画诗酒花这样离生活稍微远一点的艺术美的活动之外，生活本身也是非常美好的。

　　当我们在纷扰中无法安静下来的时候，从身体上找到一个锚，用这个锚让自己感受怡然的安定而回归自己的事，都算是修身的一种吧。比如，不能安静读书的时候，可以记笔记，有了手上这支笔，心就会奇迹般地回归；又比如闲来无事的时候可以泡茶煮饭，用身体的味觉和嗅觉体验身心合一的定静状态；就连静坐这类比较高阶的安定，开始的时候也需要用身体呼吸的锚定，慢慢放下无意义的胡思乱想，让心神回到自己身边。

从力所能及的身边事做起，有认真对待身边事的有序环境，有能顺应和控制行为的智慧，有感知美的能力，这既能让我们享受当下细微的快乐，也可以帮我们在日复一日的积累下，达成长远的理想。获得将来的幸福，并不一定要用苦行僧式的行为作为代价，之所以很多人让自己看起来很苦很纠结，是因为他们还对掌控自己的行为没有自信，进而惧怕闲下来享受生活的时光。

这本书想要做的就是通过达到"有序、有效且美"的生活，不但获得当下的幸福，还能让我们在日复一日的训练中掌控人生，最终实现长远的人生理想。书里会通过一些人人都能做到的方法，改变意识和行为方式，让每个人通过一些具体的工具，一点点训练自己，来获得"有序、有效且美"的生活。

有序、有效且美的概念

　　都说人生中的烦恼大都来自欲望，思想上有无尽的想法，而行为上却无法做到。那为什么有序、有效且美的生活就能获得当下以及长远的幸福呢？我们先来说一说这几个概念。

有序

有序，这个概念里有两个关键词，放弃和关照。就是放弃无用的，并认真关照留下来的值得珍惜的人、事、物。为什么要放弃呢？因为比如当屋子里堆满杂物的时候，想读的书就会埋没在其中。怎么才能更好地关照那些真正有意义的事呢？当屋子里不需要的物品被清空，这本书会被发现、被用心关照。

从时间和空间两方面都是如此。如果空间上满是不再需要的物品，就没有精力对待真正必需和想要的东西。如果时间上无用的事情和信息不断干扰自己，也就没有精力思考什么是重要的人和事了。反过来，所有物品都有一个可以安放的位置，需要做的事情都被安排了认真去做的时间，那值得珍惜的人我们也可以有精力善意对待。

有序可以帮我们放下拥有的过多却与真正快乐相离甚远的欲望，扫清路上的障碍，获得空间和时间上的自由。很多调查都表明，从拥有物质获得幸福感的时代已经过去了，我们需要有更多的时间来面对自己周围的事、物和关系。

有效

有效，这个概念里也有两个关键词，顺应和掌控。为什么顺应才会更有效呢？在空间上顺应人的行为习惯，将物品摆放在合理的位置；时间上顺应年龄和四季时序，在合适的季节和年龄做合适的事才是最有效的。掌控又是什么呢？当我们了解了什么样的空间和时间才最有效之后，还要掌控自己的行为，让自己能够做到这一切，控制自己朝着可持续和长久的幸福迈进。比如明明知道早起早睡的行为是健康的，但就是无法起床；比如在茶几上堆满了杂乱的书，却不想动手在茶几旁边放一个书柜；明明有大堆要做的事，却在拿起手机的一刻开始一转眼浪费了几小时。

思考和顺应是第一步，掌握行为让自己行动起来是第二步。如何由顺应习惯和时序让行动更轻松，如何用更容易的方法让掌控行为变得更快乐呢？这本书里将会给出一些可操作易执行的方法，使我们把掌控这件看似需要咬牙坚持的困难事，潜移默化地融入日常生活，不知不觉中让生命质量有所不同。

美

美，不只是美的景色，也是美的食物和音乐；不只是美好的物质，也是美好的精神成长。因为美包含发现和创造，美是由身体带动心灵成长最直接的入口和出口。

为什么这么说呢?

生活里处处有美的发现,这是由视觉、味觉等感觉器官带动,直接进入精神享受的最直接入口。比如宋代禅诗:"春有百花秋有月,夏有凉风冬有雪。若无闲事挂心头,便是人间好时节。"就是在生活的任何时节都能感受到当季的美好。比如元代了庵清欲的诗"闲居无事可评论,一炷清香自得闻。睡起有茶饥有饭,行看流水坐看云。"由一炷清香为锚,进入一派安详自得的精神世界。这些实用的、普遍的日常里,有很多容易被忽视的美。英国诗人济慈说:"美的事物是永恒的喜悦。"这种发现美的喜悦和热情,并不会随岁月和时代褪色或消失。

生活里也处处有美的创造,可以体会到动手的快乐和通过学习成长的乐趣,这是让人获得精神成长的出口。在学习美的过程里,能让"学习"这件通常感觉痛苦的过程变得更快乐。我们可以在琴棋书画诗酒花里面对自己,享受身心合一的时间;也可以在生活里、在工作中享受这种创造和成长的美感。

如何感知身边的幸福

发现是改变和创造的关键一步。这一章的清单，让我们试着先从入口开始，快乐地发现可能被忽视、忘掉的美。是不是很久都没有实实在在地关注生活里的幸福瞬间和美好感受了？但它们确实是一直存在于身边的。请拿出专用的笔记本和笔，在读这本书的整个过程里，可以通过笔记梳理自己的思路，列出一系列发现美好和帮助自己改善行为的清单。首先写下属于自己的幸福瞬间清单，这能帮助我们重新关注自己对美的感受，也能在日常里更容易体会幸福的感觉。

幸福瞬间清单：

★在溢满天然香氛的房间里入眠

★早晨被刚刚烘好的面包和咖啡香唤醒

★冬日里下着雪的露天温泉

★清爽初夏的周末去户外野餐

★和好友在旅途的客栈里夜酌

★用阳光把头发晾干

★夏夜倾听蛙叫蝉鸣

★躺在乡间草地上看满天星斗

★夜深人静的时候看一部喜欢的黑白老电影

★经历年月显出味道的木质家具

你也可以写下属于你的，发现幸福的清单。

发现幸福清单：

★不同季节的幸福

★在这一天里感受到的幸福

★在不同国家感受到的幸福

★在不同城市感受到的幸福

★和喜爱的人在一起体会的幸福

★一个人的时候感受的幸福

★在喜欢的空间里感受的幸福

通过感官发现美好并感动到自己的能力，就是幸福的能力。

总结一下，这一章我们讲了为什么要好好过生活，下一章会讲为什么有序、有效且美能提升幸福力，它是不是可以应用在工作和生活的各个方面。

好了，现在就写下你的幸福清单吧。

第二章

可以训练的"幸福力"

——为什么"有序、有效且美"能提升幸福力

上一章讲了为什么要好好过生活，那这一章讲过上有序、有效且美的生活为什么可以提升幸福力，为什么它可以应用到当下和未来，也可以用到工作和生活的方方面面。

物质的幸福和精神的幸福

不论东方还是西方、过去还是现在，多数人的目标是物质或向外的追求。有名望、有房子、有名牌、有网络世界的关注——细想起来，都是物质的满足和周围的认同。人天性需要物质的丰盛和人群中的安全感，这本身是一件很自然的事，不必刻意抑制。然而如果有方法能超越这些天性——就像前一章讲的获得克服懒惰天性的自律自由一样——我们或许还可以获得更大的精神自由。

"菩萨重因，世人重果。"有些快乐的追求是结果，有些快乐的追求是原因。比如，人的快乐与需求满足程度密不可分，有些快乐是结果，是短暂且容易被外界左右的：财富、名望、地位。而有一些快乐是原因，是可以掌控而长久的：学习新的知识、一次有益的谈话、读一本让自己放松并有所收获的书。

物质的幸福只能带来一时之快，会随着时间消磨和消逝；而另一些知识和精神上的幸福却让我们不但体会每一天的快乐，还能为将来甚至下一代下几代，获得可持续的、有建设性的幸福，这种幸福是可以累加的，也就是快乐的原因，它们不会随时间消逝，只会随时间递增。

与其等待实现长远目标，不如现在就享受生活

因为梦想有时候太遥远，使得很多人在没有达到梦想的时候就耗尽了能量。大家记不记得乔布斯在临终的时候说的那些话？他说所有社会名誉和财富，在即将到来的死亡面前已全部变得暗淡无光，毫无意义了。他说现在我明白了，人的一生只要有够用的财富，就该去追求其他与财富无关的、更重要的东西，也许是感情，也许是艺术，也许只是一个儿时的梦想。

所以我们不必等到还没有到来或许永远也不会到来的梦想耗尽精力，现在就来享受每一天的幸福。

有很多我们认为成功的人，都说自己忙得没有时间附庸风雅，但我发现其实所有人都是有时间打游戏和翻看社交软件的，因为这

些事成本比较低。可以把看手机的时间换成看书的时间，追剧的时间做一顿可口的饭菜，应酬的时间换成和喜欢的家人朋友聊天吃饭的时间，事实上每天给自己留出时间并不那么难，难的是把这些时间真的用来成长和享受生活。

这本书就是在说怎样轻松地把被垃圾填满的时间和空间变得可持续成长又令人快乐。比如在无法改变自己的时候，可以先改变环境。疫情的一整年我先是扔掉了电视和沙发，后来每天定时关掉手机，用这些方法让自己的一天变得更有营养。之前每天玩手机时间是七八个小时，后来变成了一两个小时。剩下的时间做了什么呢？除了日常的设计工作之外，每天都有时间读书写作，做爱吃的点心和饭菜，认真学习一直想学却腾不出时间学的知识。

我记得我的孩子有一天对我说，想要尽力过好每一天，这样就算明天是世界末日，也不用为昨天没有尽力做功课、没有好好享受生活后悔了。

工作中也能有序、有效且美

　　这里说的有序、有效且美，指的不单单是艺术和生活，不过在这其中，的确更容易获得专注和美好的感觉。艺术和生活中的训练可以使我们更轻松地达到这样的状态，也就更容易掌握要领，之后这些经验都可以用到工作和其他活动中。

　　每个人都有两个自我，一个是头脑的下达指令的自我，另一个是身体的

执行行动的自我。我们说的身心合一，就是把这两个自我统一起来。比如在插花的时候更容易做到全神贯注，心如止水，忘掉周围的一切，这就是身心合一的状态。经过这些训练，可以打通从无到有的通道，之后举一反三，把这些行为习惯和感受能力用到工作中去。

可是怎样才能做到有序、有效且美呢？书里将会给出很多具体的方法来实现。在行动之前，让我们分析一下，人处于世，都要面对什么、需要处理好哪些关系。这里将从四个维度上考虑：与自我的关系、与他人的关系、与时间的关系、与空间的关系。

与自我的关系

与自我的关系，主要是认识自己，以及思想上认识到，并且在行为上做到，也就是身心合一。比如很多人不知道自己擅长和不擅长什么，也不知道自己到底要过怎样的人生。有幸找到的人，也需要在行为上为此而努力，达到想要的生活。

寻找自己和突破自己，是伴随一生的任务。绝大多数人解决了温饱之后，迫切地需要找到精神寄托之路。足球选手中田英寿退役之后就踏上了自我寻找之旅，这一找找了十年。

与他人的关系

很多心灵类书籍都说，要先爱自己，然后爱其他人，这会让我们陷入孤芳自赏的误区。人是群居动物，我们很难摆脱他人的影响，坏的关系让我们退步，好的关系总会为我们补充能量。

心理学家亨利·克劳德说，人际关系分为四层，第一层是孤立状态，第二层是坏的连接关系，第三层是虚假的良好连接，第四层才是真正的连接关系。第一层的孤立状态，不喜欢和外界连接。第二层坏的连接关系，也就是无爱的批评者，不难理解就是无论我们做什么都会指责、批评的人。例如善妒的同事，或者对自己怀恨在心的前任。第三层是虚假的良好连接，也就是无批评的爱人，往往就是认为我们完美无缺的妈妈，祖父母，无条件爱我们的伴侣，或者习惯于讨好别人的"老好人"。他们并不能使我们真正成长。第四层真正的连接关系，才是我们想要的人际关系。这种关系能让人成为更完整的自我，能调动心灵、思想和热情。

与时间的关系

时间将威力投射到每个角落，万物实实在在地凋零老化，尽管它看不见摸不着。低头刷一会儿剧，抬头就日薄西山了，时间过得真快！既然生命不可逆转地燃烧，每个人每件物品都要经历从出现到消逝的过程，若不想瞬间化为灰烬，就得想办法控制火候，小火涅槃了。

我们知道快乐和幸福是不同的，让人感觉快乐的时间不少，却要看这些时间是否能带来意义，能带来意义的，才算得上是幸福的时间。有一些花大

量时间找到的快乐，却不知是你玩儿了游戏，还是游戏玩儿了你。所以我们想要掌控时间。

时间上的有序，是放弃多余的事，觉知此刻，感受幸福；有效，是顺应时序时代，掌握节奏，不要一把火燃尽。说到时间上的美，身边就有四季：春水满四泽，夏云多奇峰，秋月扬明辉，冬岭秀寒松。春秋更迭，往复新生固然有延绵超越的美，老化的肌理、残缺的痕迹，寂寥和无奈也有一种接受无常的永恒之美。

与空间的关系

在同空间的关系上，最容易从视觉上获得美的体验。从放弃不需要的物品，腾出空间给需要善待的物品开始，将每一件物品安放在最容易使用的地方。并在视觉上设计成舒适美好的空间。

衣柜里的衣服有没有积攒很多年，占用很多空间却根本再也不会穿的？留下的衣服怎样摆放才能一目了然被关照到？这些衣服应该放在上中下哪一段才更适合视觉和身体习惯？摆在外面看得见的物品用什么样的材质、什么样的色彩才会与空间和谐？同空间的关系也是我们日常生活中每天都能接触到的，直接影响了心情和生活品质。

一个简单的空间，要有可以愉悦自己的最低限物品。把空间留给精神世界和志同道合的友人，也许才是最美的。

从生活游戏里获得精神安定

有一些活动比较容易让我们通过处理好和自己、和他人、和时间、空间的关系，来达到有序、有效且美的境界。比如学习茶道就是这样能由脑及心，由心及身，再到用脑的循环往复，并螺旋上升的生活游戏。

我在刚刚学习茶道的时候老师并没有说明每一个动作的道理，只是让我把每一个规定的细节记住并做好。学习新事物，用脑的过程，其实就是一个用外力把自己推离舒适区的过程，在这个过程里得到了学习和进步的乐趣。在日复一日的训练中，去除了所有不需要的物品、动作、杂念，保留必须的、没有累赘的一切，做到了有序；也让我们在摆放物品位置上，动作的幅度，快慢的节奏上，达到了有效。美，不单在去除多余，也在于空间摆设、器物的使用上所能呈现的完美。当我们已经能用身体记忆，达到某一种做法的完全熟练之后，再推翻这一切，重新记下另一套规则、使用另一套用具、更换到另一个位置，并需要在另一个季节和空间里达到那个时刻的完美。

这就是在一个螺旋上升，不断通过克服惰性，控制自己行为的成长中，获得连续的身心合一的体验。而这种经验和体会，是可以运用到其他各种学习和成长中，甚至生活和工作中的。

怎样找到自己真正想要的生活

　　理想生活场景里的一切都是有序、有效并且美的。然而很多人并不清楚自己到底想要什么，不论是日常的情趣需求，还是长远的梦想。几乎每一位伟人的自传中都提到，在不断的长久的学习和试错中才渐渐摸索出想做的事和方法，并且一直在变化和寻找。

　　找到自己，是一件陪伴一生的任务。我的朋友告诉我，当她心里有了具体描绘的梦想之后，这些"喜欢"的能量带领她遇到了人生偶像，做到了之前想都不敢想的事。这里有一些小的问答，或许可以帮我们找到真正想要的生活。试着跟着这个清单做一些忠于自己内心的解答吧。

找到自己的喜好的清单：

★让自己感觉舒适放松的公
　园、咖啡

★喜欢的衣服和配饰

★小时候喜欢的颜色

★你的人生偶像是谁

★梦想的生活方式

★想要生活的城市

★梦想中房间的样子

★具体描绘出想象中的幸福场景

　　像这样，不论是否实现，真实地写下理想中的一切，写下来，就会让自己朝理想迈出第一步。

　　这一章解释了为什么有序、有效且美能提升幸福力。下一章就会讲到整理人生，提升幸福力通过"清单管理"的方式就能即刻开始，以及如何做到简便有效地完成和应用它。好了，开始写这一章的清单吧。

第三章

不必过多筹备，提升幸福力即刻就能开始

——使用"清单管理"工具的好处

在之前两章的结尾已经试着给大家提供了两份问答式清单，这两份清单像一个暂停键，带我们安静下来返回记忆深处，找回几乎被遗忘的幸福和梦想。这本书里提供清单的目的，就是让它成为一个简便有效的工具，帮我们摆脱高速生活中的混乱、无序和迷茫，觉察到真正的自我，并获得持续的提升。这一章会说说清单可以帮我们解决什么样的问题，写清单应该注意的事项，以及列清单如何能帮我们获得有序、有效且美的生活。让清单从脑子里的概念中走出来，真的成为帮助我们获得极简生活的开关。

　　在工作中很多人都在使用清单管理事务，我们都知道清单作为一种管理方法，在需要复杂操作的领域可以规避问题，提高效率。其实在生活里，我自己就是用清单解决了生活中非常重要的问题。

　　刚刚回国的时候因为生活和工作环境的不适有过一段混乱和焦

虑，我的一个朋友提醒我趁此机会找回自己想要的生活。恰巧我想起很多年前写在卡片上的清单，其中一条是想从事和美有关的职业，还具体描绘了理想的工作场景：在面朝大海、背后环山、触感舒服的木质家具空间里，做喜欢的设计，穿着轻快的衣服，休息的时候喝好喝的花果茶，在那里还可以经常用有机食材做健康美食招待朋友。

我想起之前在日本的时候，正因为写下潜意识里的梦想清单，才把潜意识转化为显意识，开始学习喜欢的美学。于是下决心彻底放弃之前朝九晚五的咨询工作，正式把美学当成职业。现在的生活几乎和之前描绘的图像一模一样。

清单可以帮助我们解决的问题

我们几乎每天都要面对很多问题，在人类面临的问题中，按照复杂程度可以分为三类：简单问题、复杂问题和极端复杂问题。简单问题如简单的计算、查菜谱就能做的饭菜。复杂问题像手术、开飞机等。其实生活中更多的是极端复杂问题，像教育子女和人生规划这些，涉及更多不确定因素的问题。因为这些问题太普遍太日常、收效也很难一下看得见，非常容易被忽视或假装看不见。事实上比起机械操作和建造楼房这些看似比较繁琐的任务，没有什么比人和人生本身还复杂。

在面对极端复杂问题的时候，往往越是觉得自己有经验的人越是不愿意用清单重新审视和思考。就像有些祖父母辈的人认为自己有经验，所以在养育孩子的时候不去看最新的育儿书籍，不会去动笔整理思路，那样会感觉自己像个新手。所以正是在面对第三类极端复杂问题的时候，清单才更会起到影响一生幸福的重大作用。

为什么列清单能给我们带来好处

列清单在生活里真的能给我们带来幸福感吗？我们从前面一直提到的，有序、有效且美这三个方面来说一说清单的好处。

对于有序，我们讲到过有序的两个关键词：放弃和关照。在放弃阶段取舍选择的时候，清单可以帮我们直面庸常生活里被忽视掉的需要和不需要。列清单是一个有效而简单的工具，也是一个开始的按钮。"万事开头难"，让自己开始做一件复杂的事很难，但把头脑中纷杂的想法一股脑写下来那一刻，思路一下就清晰了。有序的另一个关键词关照，也就是好好对待自己和他人，集中精力做事。在后面的章节会有一些问答式清单帮大家停下来找回自己和当下；也会提供一个训练集中精力做事的示例清单。让我们逐一顺着问题发掘自己，并参照一些方法，举一反三地应用到自己的生活中，把人人都懂的大道理，按照清单实实在在地落实到身体上、生活中。

对于有效，这里面也有两个关键词，顺应和掌控。顺应自己的生活和长远的理想，一些清单让我们问自己什么是重要的什么又不是。另外也可以让我们顺应身体和生活的好的习惯，整理生活流程。顺应之后让这些流程帮我们掌控自己，强化好的习惯，弱化坏的习惯。在那些章节的内容里，帮大家梳理了容易导致我们的习惯变得更好或更坏的清单，提醒自己不让这些被忽略的习惯陷阱，成为理想人生的绊脚石，从而控制自己强化一些"好"的生活习惯。也就是清单可以一目了然地帮我们把问题显化，并且用更简单的方法养成好习惯。

对于美，并不只是视觉的美才是美，其他感官上的幸福感觉也都是美好的。妈妈从我小的时候就习惯用天然食材，仔细辨别食物的香气和滋味，使我从那时候开始打开了嗅觉和味觉的开关，这些感官感知的通道一旦被打开，那在感知其他类似事物的时候也都会变的敏锐而富有辨别力。美好是通过这些感官可以直接获得的，后面的文章里有一些简单易行的磨练感官的清单，把一直忽略的感受用笔写下来，快速打开感知美好的通道。幸福的感觉往往是通过双手的创造获得的，在创造美的过程里，我也会提供一些清单，帮助大家从无从下手，到快速掌握基本易懂的创造美的技巧。

▷▷ 发现美

▷▷ 创造美

如何写清单

在开始写清单之前，如果没有意识到清单的目的是整理人生、清除负累，使自己回到生命意义的原点，很可能写着写着反而使欲望和负担越来越多。下面的清单原则，会把我们带回初始的目的，更坦诚地面对自己，层层探索找出真正的人生意义。

总结起来，写清单的原则有六点：以人为本、简单至上、描绘画面、不问结果、团队共享、持续改善。

以人为本

先是以人为本。清单的目的是帮助我们，而不是束缚我们。所以首先应该记录真实的想法和现状，而不是世俗眼里的期望和粉饰过的梦想。例如，在梦想清单里，梦想的生活方式可能是去山区给孩子们建一所学校，即使并不是世俗眼里的成功，也是发自内心、让自己感觉幸福的梦想。我们只需要写下那些不论过程还是结果都能给我们带来实实在在成长的幸福清单。

简单至上

每一项清单文字内容简单易懂，语言准确，用清晰明了的字体，在每次翻看的时候都能在最短时间内领会内容、获得信息。每一个清单内容在十项以内，过于复杂就会失去清单对于厘清思路、重复确认、团队共享的意义。

我的清单笔记里面并没有写很多内容，常常在草纸或者手机里先写一份笼统的清单，然后去掉重复和不重要的内容，精简最重要的几项，手写到清单笔记里。课程里有一些是问答式清单，需要大家精简自己的解答，还有一些是方法清单，也一样需要反复验证和精简，大家也可以按照这个思路，在今后的生活中找到更适合自己的方法。

描绘画面

生活中的清单和工作中的一样，梦想和目标画面越清晰，越容易让身体不由自主地带领我们完成那个具体的画面。人的大脑对画面有迅速接受和转化为身体执行的能力。也就是在第二章中提到的，容易让下达指令的自我，和身体执行的那两个自我统一起来。达到身心合一，趋近理想、完成清单的过程本身才会有幸福感。

对梦想进行具体描绘时，甚至可以把自己想象成超级巨星，想象自己是巴菲特，或者你的人生偶像，穿着具体样子的衣服，在哪个国家，什么样的空间，做着什么样的事。这里再次说到茶道，当我被要求模仿老师细微的动作，下课在脑子里一次次描绘画面之后，再上课的时候身体已经可以下意识的做到之前没有练习过的动作了。我们可以把这种方法用到学习技能或者完成梦想的过程里。

不问结果

不要评判清单完成的结果，因为只要有评判就会有焦虑和挫败感。下达指令的自我，批评那个执行的自我为什么没有做到，两个自我很容易就分开了，身心合一就此破坏，身体的潜能也就无法发挥。有一个例子很好，当我们把种子埋在土里，看它慢慢发芽，我们不会评判幼苗为什么长的那么慢，那么脆弱，我们只会因为种子的神奇而惊叹，种子没有人类那样对自己的评判和束缚，只会理所当然的发挥最大的潜能。我们能接受那颗种子本身的生长节奏，却常常对自己幼小的孩子记不住一个汉字而发脾气，因为自己住的房子没有同学的大、升职没有同事快而焦虑和自卑。

我们可以像对那粒种子一样，不加评判地观察，只客观分析和理想清单的距离，如果没有成为偶像那样的设计师，也许可以找出和偶像在专业上、社交上、努力程度上的差距，精进自己的专业知识，每天早起一小时，一点一点用实实在在的行动缩短差距，而不是去抱怨结果。这样人生的每一个成长才能真正转化成幸福的力量。像相信那粒种子一样，相信自己的生命永远比自己想象的神奇，相信自己也有那样不可思议的力量，能量才能发挥到最大。

团队共享

如果是个人的幸福地图，可以不必和任何人分享。但如果是家庭内和团队内的清单，那就应该是一份每个人都参与制定和试错的流程，并让每一个成员共享才能真正提高效率，减少疏漏。

生活空间里什么物品放在什么位置，就是每一个成员共同商量的结果。这些生活流程因为人数和生活的特性，即便没有写在纸面上，也需要把这些流程共享，这样物品就不会总是没有办法归位了。爸爸的杯子总是放在茶几上，而孩子的可能总是在书桌附近找到，如果水杯有一个固定的家，或是共享一个喝完水把杯子放到水池里的操作，那空间整理起来就不再是妈妈一个人的劳动，对家庭整洁的自豪感也就可以一起分享了。

持续改善

清单不是灵药，也不是有了清单或者完成清单就万事大吉了。当我们完成了阶段性目标也不应该沾沾自喜，因为一旦满足我们就想保持这种满足，可惜满足感是稍纵即逝的。我们会因为边际效应递减，很快适应这种成果，比如升职一级之后，很快就会成为这一级的成员，开始焦虑什么时候能再升下一级。执着于结果的满足感，也是对结果的评判，只有把完成清单的过程和超越自己本身当成乐趣，不断成长也不断改善清单，才是写清单的真正意义。

每个新年或者生日的节点上回顾一下自己的清单笔记是不是还符合现状、是否需要修正，不断完善和成长的过程比完成本身要宝贵很多。

有一个关于清单的故事，巴菲特有个飞机师，叫弗林。他为巴菲特开了十多年飞机。有一次他问巴菲特，怎么才能像你一样获得成功呢？巴菲特说：第一步，你要圈出25件你特别想要的东西。如果想不明白，可以用"有趣"和"有用"做一个评分。第二步，圈出5个你认为最重要的东西。——然后怎么办？有人说，应该集中全力马上开始做这5个，有机会再去做那20个。完全错了。巴菲特说，接下来，你这一辈子要像躲瘟疫一样躲避另外20个目标。人这一辈子能做好五件事已经非常非常难，那些有点儿希望却不可能穷尽的事才是最恐怖的。你要集中你所有精力去躲避那20个，它们只是幻觉；那5个勾勒出来的才是真正的你。所以去掉那20个可能被别人眼里的自己影响的假象，找出心里面最重要的清单，并不断完善它吧。

看完了写清单的原则，我们可以回顾一下上两章的清单是不是毫无杂念发自内心，是不是足够简单明了、画面清晰。

第四章

为什么道理都懂，就是做不到

——发掘你的深层心理障碍

在前面的内容中，我们通过意识的梳理、清单的使用，为"幸福生活"这个人人都想拥有的状态，提供了挖掘它、描述它的方法，如果你认真完成了课后提供的清单，相信你对"幸福"的感知，已经有了一些清晰的轮廓。

当我们对越来越清晰的"幸福画面"产生了向往时，我想很多朋友已经开始对"改变当下"跃跃欲试了。不过需要提醒的是，跃跃欲试的激情过后，你也许会对"当下"的生活，生出一些不满和无奈。

比如，你发现"在窗明几净的空间里，沐浴阳光并阅读"是让你感到幸福的瞬间，但当下，你正在为不仅不帮你打扫，还净添乱的家人，感到气愤。因为对空间和家人的气愤，我们甚至忘记了窗外美好的阳光，也忘了完全可以高高兴兴地自己开始收拾房间。

幸福的画面遥遥无期，烦恼首先就跳出来干扰你的情绪。我们没缘由地对周围感到气愤，对自己感到自责，却往往困在那个表面的情绪里面感知不到，如果能意识到自己的情绪，其实已经开始了解决问题的第一步了。

要知道，获得和提升幸福力，是一生的课题。我们接下来的所有内容，也都是在不断探索和接近这个课题。所以此时，先不要太着急。

那么这一章，让我们先来聊聊烦恼，也就是那些总让你头疼的问题。当我们意识到问题，并开始分析这些问题的心理根源，这些情绪也就会开始慢慢远离。

摆脱情绪的干扰，让"问题"浮出水面

我们常说："发现问题然后解决问题"，这个行动公式看上去简单，但实际操作起来，并不是那么容易。很多人在第一个环节，也就是处理"发现问题"这件事上，就出现了偏差。

有天我突然接到好友电话，她说自己最近状态很差，感受不到每日辛苦工作的意义，就连领导要给自己加薪都不能让她感到快乐，越来越不想上班，心情低落得经常抹眼泪。

我没有进行任何评判，只是让她从工作、生活、时间和空间不同的维度上聊聊带来情绪的事件本身。原来，工作上，好友正同时

面临两个她从未做过的项目，这让她感到恐惧和压迫；时间上，两个项目都非常紧急，已经来不及，还要被一堆杂事惹得心烦；生活上，她因为持续的忙碌，已经连续几周没有好好休假，一阵阵的委屈；空间上，一团乱的家里让她不想回家收拾房间，感觉自己连个安放自己的地方都没有，很无助。

当这些导致情绪变坏的问题本身被清晰地暴露出来的时候，其实我没有给她任何建议，好友已经平静了很多。我继续问她都做了什么事情调整自己的状态，朋友说尝试过运动、哭泣、倾诉来排解自己的情绪，但都没有什么大的作用，所以想碰碰运气，让我帮她找找她哪里出现了问题。

我依然没有给出答案，既然已经理清了造成情绪变坏的事件，于是问她，造成问题的关键人物是谁，是老板吗？她想了想说其实老板并不知道自己目前的压力和状况，如果和老板谈谈，也许会把任务重新安排一下。我继续问她，你觉得你明天会和老板谈的几率是多少？她说只有百分之二十。为什么呢？因为害怕影响工作业绩。如果改变一下思维方式，那你会和老板沟通的几率又是多少？她想了想说，其实她就是担心业绩不好被周围人笑话，逃避和老板谈这件棘手的事，但是谈不好又能怎样呢，她不会因为其中一个项目没有做好而被炒鱿鱼，如果集中做好其中一个项目可能反而会获得更高的评价。那还有呢，还有谁是带来问题的关键人物。她又想了想说，是自己，自己因为拖延没有清理自己的房间而让自己情绪烦躁。就这样，拨开繁杂的情绪，她终于自己找到了几个让她深陷当下负面情绪的关键性问题，认识到让自己陷入困境的是自己的心理障碍。

我问她，可以做点什么改变现状。她说，两个项目没有能力一次性搞定，那就接受自己的能力所限，和老板沟通先做其中一个项目，争取到一点时间上的弹性；比如，周末两天先安排一天，让自己先休息，安抚一下委屈的情绪，再加班来提升效率。这样说着，好友开始恢复了一些动力。

当然，并不是我们的一席谈话就一劳永逸地解决了好友的问题，我只是想通过这个例子让大家直观地看到，当我们觉得生活一团乱，不知道该怎么办的时候，通常让自己不知所措、喘不过气来的，并不是问题本身，而是"情绪"。

当我们把解决"情绪"作为解决问题的中心时，比如你感到工作很不开心，就用辞职来结束不开心；比如你被孩子乱放的玩具激怒，就用责备孩子来结束愤怒，这种解决烦恼的方式，很可能会让你周而复始地陷入同一种烦恼之中。

事实上情绪不好的时候只需要接受它们、感受它们、像旁观者一样旁观它们，不必立刻解决或对抗，聚集在那一刻的情绪浓度就自然稀释了很多。

然后慢慢拨开"情绪"的迷雾，抽丝剥茧地找到那些累积出情绪的事件，才是"发现问题"的第一步。

在我和好友的谈话中，我充当了帮助她"整理思维"的角色。但其实我们每个人都可以担任自己的"思维整理师"，用清单的方式，从工作、生活、时间、空间的维度，尽可能全面地列出那些让你有负面情绪的事件，自己去思考事件背后的心理障碍，那下一步解决问题就会轻松很多。

总结问题背后的"深层心理障碍"

当我们觉知了问题所在，不要着急按照大脑的顺势思维，立刻为自己解决问题的方法下定论。因为我们在"发现问题"这个环节中所要做的事，并没有结束。我们目前只是让这些问题清晰地出现在"脑想"的层面，还没有进入到"心想"的层面，去看看到底是怎样的心理活动，在阻碍着我们明明知道应该怎么做，但就是做不到。

怎么理解呢，还是以我的好友为例。劳逸结合可以让效率提升，这个道理我的好友肯定是知道的，所以在脑想层面她并不是不知道要给自己放个假，但每当要自己休息的时候，她就会遇到自己给自己提出的阻碍。这个阻碍是一种心理活动，并不能让她知行合一，她本能地担忧未来很多待解决事项，而不敢给自己放假。实际上如果好好休息一下，也不会产生后面因为没有休息而困扰自己的委屈心态、不满情绪。

所以，认清楚这些"深层心理障碍"是发现问题的必要环节。至少，在下一次被情绪困扰的时候，我们能想起今天读到的内容。

总结来说，这些"深层心理障碍"大致分为三种：逃避现实、执着过去、担忧未来。

逃避现实

先说说逃避现实。是因为忙碌而没有时间面对和解决生活里的

问题，还是因为怕面对问题而假装忙碌？就好像我的好友，惯性让她认为只有忙于工作才能生存，才能解决问题。

还有很多人有过被迫选择更有前景职业的经历，也有过青少年时代恋爱被阻的经验。可是谁规定理想人生一定是取得社会地位？谁又规定豆蔻年华的青年不能恋爱？为了这些社会的思维定式，很多人选择了自己根本不喜欢的生活方式，也逃避了原本可以掌控人生的思考和行为。

诺贝尔奖获得者、心理学家丹尼尔·卡尼曼说，人的大脑有两个系统，系统一是自动反应模式，比如穿衣、开车、计算3+8这样简单的算术。系统二是当算式变成56×13这样无法立即给出答案的事情，比如强忍住不去打开社交软件，让自己开始清理房间的理性控制。然而如果我们没有理性控制，我们的大脑总是凭直觉和惯性偷懒，能不思考就不思考，能逃避问题就不想面对。这对于原始人类保存更多精力用以生存有好处，但是在现代社会本能的惰性就会阻碍我们继续成长。好友的问题之一就是她逃避了和老板沟通这样棘手的事，也逃避了收拾房间丢弃旧物这样看似和工作无关却影响自己情绪的事情，而是依照惯性，任由房间越来越乱，毫无头绪地依照惯性盲目工作以带给自己安全感。

认识到有思维定式的存在，并在每次处理事情的时候提醒自己不要随便陷入固定的思维模式，能帮助我们打破固有的习惯。

执着过去

执着过去怎么理解呢？舍不得扔掉年轻时代的书信，孩子成长过程中的手工和书本；工作上曾经的不完美经历，也使得我们总是想办法用同样的办法扳回一局，结果是浪费了无用的时间。是什么心理因素使得我们对过去过分执着呢？

一，害怕否定原来的自己

这里面有对物品、对记忆、对观点三个方面的执着。

1. 对物品的执着：冲动买来的衣服、曾经喜欢的器物，舍弃这些曾经的选择和判断就像否定了曾经的自己。

2. 对记忆的执着：书信、照片、过去的荣耀，不能清理和舍弃的原因也许是不想放弃曾经的记忆。

3. 对观点的执着：从地心说到日心说，人类和自己斗争了很多年。转换一下观点，整理一个新的思路，是在过去基础上的进步而不是否定。

二，弥补遗憾的愿望

不论是棋牌类还是体能类竞技，盼望再战一局的往往是那些输掉比赛的人。越是没有在过去的对垒中如愿，越对曾经的失败执着不已。如果没有在曾经做过的项目上取得成功，很多人会选择同样的项目，试图用同样的方法完成目标，结果往往还是失败。

三，投入了大量的沉没成本

沉没成本的概念来自经济学，是指人们在决策时往往会考虑到以往的投入，如果放弃，就意味着之前投入的彻底损失，但不放弃就会陷入越陷越深的境地。

选择了不喜欢的专业或者婚姻，但是已经从事行业或维持婚姻很久，投入了大量的情感、金钱、精力和时间，因此为了使过去的投入没有白费，所以无奈坚持下去，但坚持其实意味着结果必定不会完美。

担忧未来

让我们再来说说担忧未来。无法清理现状，不舍得放弃，不仅来自对过去的执着，也来自对不可控之未来的担忧。如果没有这些物品，这些关系，这样的社会地位，我明天将如何生存？好友的案例中，害怕先放下其中的一个项目，也许就是因为害怕被其他同事取代，或是老板的评价不好而影响自己的未来。

让我们看看担忧未来的心理障碍来自哪里。

一、对来自外部安全感的需求

弗洛伊德的心理外化理论也解释了人们总是担忧未来，是因为我们的参照标准总是来自外部因素。佛法里面也说，心外求法，是外道。比如在生活里发了消息而对方没有回复就是不爱自己，很长时间没有收到信息就产生疏离感，觉得自己和外界断了联系，受到孤立。我们总是把自己的能力和存在的意义，交给外部不相干的人来评价。让我们从对物质、心理、观念的安全感三个方面来说明一下。

1. 对物质的安全感：浪费物质的罪恶感，或许来自远古时代对获取来之不易的物质的执着和对明天的担忧。现代社会当生存已经不是问题，原始的对物质的依赖已经无法给我们带来安全感了，而拥有越多害怕失去的也就越多。

2. 对心理的安全感：群居动物的本能使得我们害怕被孤立和掉队，所以拼命认识更多的人，维持更多无谓的关系，办公室政治也在群体里出现。维系集体关系可以带来理解、尊重和宽容等心理和行为的成长，但过度依赖也会让自己迷失原本的方向。

3. 对观念的安全感：没有勇气让自己鹤立鸡群保持独立思考和行动的思维方式，又或许来自人类群居动物基因里对团体的依赖。因为对群居动物来说，孤立就意味着无法生存，保持自己独立的观念就意味着被孤立。

二、担心后悔

因为担心未来会后悔，而购买不必要的物品，从事鸡肋一般不喜欢的工作，选择并不满意的伴侣。许许多多的孩子在还没有找到心动专业的时候，由父母出于怕后悔的考虑，匆匆选择一个可以养活自己的方向硬着头皮学下去，导致很多孩子上了大学以后就再也不想学习了。

三、对投入的满足

当我们尚未找到目标或者明确喜好的时候，稀里糊涂地为未来投入时间和精力让我们能获得暂时的满足，比什么也不做让人踏实，空虚感比忙碌更让人痛苦和不安。很多人忙碌工作和参加聚会的目的只是为了有事可做，并在这些可能不需要的投入里获得填补空洞的慰藉。

"烦恼清单"

　　觉知这些心理障碍，是非常重要的。这会让我们更深刻和清楚地认知自己、审视自己，将没头脑的情绪和事实分离开来。冷静地让这些自己不能左右的事件和心理障碍不要影响身体和心理的健康，在此基础上用积极的态度理性地去寻求解决问题的办法，往往这样的办法，才会更有力有效。

　　那么开始完成今天的"烦恼清单"吧。还记得本章第一节提到的四个维度吗？工作、生活、时间、空间，想一想让自己情绪变坏的事件，不加评判地写下那些让你心烦、焦虑的事，并在逃避现实、执着过去、担忧未来三个方面，找到这件事对应了哪个心理障碍。同样，我也提供了一个自己的模板，供你参考：

问题	1.逃避现实	2.执着过去	3.担忧未来
✏水池里没有洗掉的碗	○		
✏不愿打过去的客户电话	○		
✏不敢开始新的计划			○
✏无法辞掉不喜欢的工作		○	○
✏邻居的狗叫	○		
✏不合身的紧身内衣	○	○	
✏不遵守约定的人			○
✏习惯于否定别人的损友		○	○
✏不喜欢又舍不得扔的餐桌		○	
✏总是对我的生活指手画脚的人			○

第五章

没有人可以伤害你，除非你同意

——如何把焦虑沮丧的情绪，转化为提升的能力

上一章的烦恼清单，让我们觉察到了问题来自一些人类共有的心理障碍，所以不必为自己的心理障碍感到自责，也不必去刻意克服这些障碍，只需要把这些障碍像垃圾一样清理掉，无条件接受不完美的自己，然后卸下这些无法掌控的负累，建立一个可以掌控的新的思维坐标，获得心理上的有序和有效。

　　对于看待问题的思维方式，有一个著名的案例，就是罗斯福夫人那句："没有人可以伤害你，除非你同意。"有一次罗斯福家里遭到盗窃，大家纷纷安慰他，总统却回复道："我很庆幸，他只是偷了东西而没有伤人；我很庆幸，他只是偷了一部分东西而没有偷全部的东西；我很庆幸，偷东西的人是他，而不是我。"

　　从失去物质的焦虑转化为我现在很健康地活着，从害怕失去全部物品的担忧转化为当下我还拥有这么多东西，从对小偷的怨恨转为庆幸自己是个正直的人。这正好对应了我们今天要讲的三个新的坐标轴：

以我为轴，

以当下为轴，

以人生原则为轴。

既然物理上，外在环境和别人的意志也就是小偷的意志不可控制；时间上，过去丢失的物品已经没有了，未来也还没有到来，也许这些物品在未来并不像我们想象的那么不可或缺。那么把重点和思维的坐标轴，转换到唯一可以控制的自己和当下，转换到正确的人生原则，不去做盗窃这样错误的事，那生活也就清除了外在的阻碍，慢慢在自己的掌控之中了。对应我们想要的理想生活，也就是舍弃导致问题的心理障碍，做到有序；再建立新的正确的坐标系，做到有效。

那么，让我们分别来解释一下这些坐标轴的具体含义。

以我为轴

首先是以我为轴，延伸一下就是以我和我的人生伙伴为轴，下一节我们单独讲以人生伙伴为轴。

中国古代的圣贤们留下了很多至今还可以回味的话，孔子说："君子求诸己，小人求诸人。"当我们把希望和重点放在别人身上的时候，事情就变得不可控制，于是焦虑和怨恨就产生了。

我在2008年的时候有了契机学习自己喜欢的技能，开始走向寻找自己的路，回看发现，之前有很多的选择和决定都是在别人和世俗看法之下的选择。比如大学的专业，之前职业的选择，都是由周围人对自己的期望，生存需要，还有希望自己在别人眼里的地位和形象来决定的，所以焦虑和不快乐在所难免。以我为轴是不被他人和世俗的观念左右，越是获得了别人眼里的赞美和成功，就可能背离自己最初的愿望越远。

怎样才能更好地做到以我为轴呢，有三个方法：

承认卑微：清理对自己过多的期待。

寻找原点：清理对别人过多的期待。

培养勇气：掌控自己的心理，选择正面的思维方式。

承认卑微

承认卑微就是当以我为轴的时候，放弃对自己和结果过分的执着，承认自己和人性的卑微，清理对自己过多的期待。以我为轴是把人从外在的欲望拉回来，既清理和放下了所有不应该属于自己的欲望，也清理了对结果的期待，不对自己做过多要求。比如即使以我为轴，海明威选择了成为作家，也还是由于创作上无法突破而陷入绝望。佛法的人生七苦里面说，人生的痛苦来自生、老、病、死、怨憎会、爱离别、求不得。这些都是意识上欲求过多的结果。承认个体的卑微，承认结果的不完美和无常是必然，也就不必承受更多不必要的焦虑和恐惧，获得心理上的有序。

寻找原点

即便放下了过多的欲望，找到了该做的事，也依然可能期待别人对自己的回报。寻找原点就是要清理对别人的回报期待过多，进一步明确自己原本对待事物的出发点，既不期待自己的结果是否达到预期，也不期待别人回馈自己的善心。

举一个简单的例子，我们在路上看到有人受伤了，出于同情和善意把人送到医院，但是这个人却根本没有表示感谢，这时候我们会抱怨他没良心。但既然帮助别人是自己想要的，也做到了，那就没有必要指责别人没有回报了。这就是孔子说的："求仁而得仁，又何怨。"虽然我们不是圣人，很难做到不期待回报，但至少可以在觉察到这些情绪的时候，再一次寻找我们做这些事的原点，来帮助我们获得心理上的有序。

培养勇气

以我为轴是需要勇气的，这意味着要对自己的决定产生的结果负全部责任。培养勇气可以帮我们掌控自己的心理，清除抱怨别人的习惯，选择正面的思维方式。我们在生活中常常不知不觉将事情的责任推卸给别人，特别经典的一句话是"这事不赖我。"迟到的时候总能脱口而出说堵车了；做生意做不好，说竞争对手太坏了；婚姻不顺利就对父母说"谁让你们当初让我和他/她结婚。"还记得我们上一章讲过的心理外化吗？把责任推卸给别人给我们带来暂时的安全感。而越王勾践为什么能卧薪尝胆，忍受别人不能忍受的屈辱呢？因为他有承受痛苦和屈辱的勇气，和自己独立完整的自尊体系，他的自尊是不会被外在左右的。

迟到的时候真诚的道歉，并尽量在下一次出门的时候早一点；竞争对手太强的时候承认自己的不足，激发自己的动力，跨越没有对手就不可能跨越的障碍；面对不顺利的婚姻，不论今后选择如何面对，对于当初自己的选择，勇敢地负起责任。当我们有勇气对自己的选择负责，也就有了从根本上掌控自己的能力，做到心理上的有效。

以人生伙伴为轴

以我为轴，广义上讲是以我们为轴。很多学霸在走进社会之后未必能够达到自己的理想，原因是过分依赖个人的能力。有很多个人能力特别强的人，也并没有在群体里获得更多的成就。

这里说的伙伴，并不是用与自己人生原则相违背的世俗观念要求自己的人，而是在人生路上遇见的志同道合的友人，和自己在协同作业上一加一大于二的人。就像在第二章里面讲到的，可以通过有效直接的沟通，达成相互间共同成长的美好关系——第四层人际关系。交往中也应当互相理解和付出。守株待兔，可能偶尔会有天上掉馅饼的好事，但是没有付出是不可能有持续回报的。人际关系就像一个情感账户，宇宙的规律永远是有付出才有得到，收支永远都会保持平衡。

怎样才能更好地做到以人生伙伴为轴呢？一样是有三个方法：

承认人性：清理对伙伴的过度期待。

寻找真诚：清理对关系的过度期待。

培养勇气：对关系选择正面的思维方式。

承认人性

首先是承认人性。既然想要以人生伙伴为轴，与人交往时就需要理解，承认每个人都有人性，人性都有弱点，放下对伙伴的过度期待。理解的前提是倾听伙伴的意见，设身处地的倾听尤其可以避免矛盾，获得理解，也可以激发伙伴的自我成长和改善。我们会发现与人聊天的时候，很多人总是没有等到对方把话说完，就着急地发表意见或反驳别人，因为反驳和指导别人可以获得心理优势和存在感，但是这在人际交往中是大忌。还记得上一章里好友的案例吗？当我不做任何评判地倾听别人想法的时候，对方才能在信任的基础上厘清思路，用自己的力量走出来，做出最好的判断。我们自己也需要不断地忍住想要急着否定和指导别人的欲望，先试着倾听别人的想法。

从前我常常忍不住急着给孩子指导性建议，想把自己的经验和教训一股脑灌输给他，以为了他好为理由替他选择，这就是"好为人师"。后来有一次我试着忍住闭上嘴不开口评判，设身处地地倾听，他竟然说着说着自己理清思路，主动找出解决方案了。

　　有一次他周末回家说，他不想再住宿了，在学校没有自己的时间。我忍住指责他是因为想回家看动漫的念头，设身处地理解地说，宿舍大爷管得很严吧。他说："是啊，我已经喘不过气来了。"我继续说："那你肯定是受不了了。"他说："是啊，不想住校了，不过我发现我现在慢慢适应了，洗漱动作比以前快很多了。"我说："你进步不小啊。"他说他在学校的效率越来越高了，其实不回家的话效率更高。在感觉到我能完全理解他以后，他开始说了实话，他说其实他就是想回家看动漫，在学校完全看不了，太难受了。我表示深切理解他的感受，然后继续问他："那你打算不住校了吗？"他说，还是继续住吧，这样节省很多时间，宿舍大爷也能管一管他。然后他说出了真正的目的："妈妈我周末回家可以多看几集动漫吗？"我说当然可以。然后我们约定好需要他控制好自己的时间。整个过程下来虽然感觉是被他套路了，最终他达到了自己的目的，但是如果我反对他的想法揭穿他的伎俩，也许他依然会偷偷地做自己想做的事，却再也不会跟我说出他的想法了。

倾听如果建立在理解情绪接纳弱点的基础上，就会获得相互的信任，找到合适的解决方案也就不难了。

寻找真诚

寻找真诚是什么呢？是让我们放弃对关系过多的要求和期待。在理解人性的基础上，理解关系之中一定会出现的不完美，找回关系建立的基础，也就是真诚。所以在关系中明确对对方的期望，当自己对关系的处理有不同意见或者感觉到问题和委屈，承认关系中存在问题的必然，以真诚的方式与对方沟通，而不是选择更简单的抱怨和逃避。

另外也要保持诚信。以人生伙伴为轴的核心是双赢思维，就像第二章的建立第四层人际关系，寻找让大家都有利的解决方案，而不是你死我活的零和博弈，只获得某一方的利益。当互相找不到双赢的结果，就放弃合作，这也是双赢的结果，因为互相都节省了时间和投入。所以寻找真诚就是帮助清除对关系的过度期待，获得关系中的有序。

培养勇气

最后是培养勇气。以我们为轴依然是需要勇气的，这意味着要对自己的选择负责。培养勇气可以帮我们掌控自己的心理，清除抱怨对方的习惯，选择正面的思维方式。在所有关系里，难免会有竞争和输赢，对于自己的问题，在认识到自己问题的时候，勇于和对方道歉。道歉在心理上让人觉得自己处于弱势，这不符合人类想要获胜的愿望，但是仔细想想关系是为了什么，对方不是敌人，关系的目的不是分出输赢，而是找出更好的利于双方的解决方案。

对于对方出现的问题，在关系中给予无条件的爱也需要勇气。当对方出现问题或者没有达到自己的期望值，我们往往本能地失去信任。所以尽量不去考虑小节上的过失，无条件的爱使自己和对方在被信任的安全感上达到自己最高的创造力。在这种信任的基础上，适度地将对方推离舒适圈，督促自己和伙伴都精益求精。无条件的爱在教育学里已经获得了证实，这种爱能带来安全感，这样的孩子在成人后能带着这些被信任的情感爱自己，也更会爱别人。

下面有两个清单，一个是找回自己，帮助我们回到以自己为轴的清单，另一个是找到以人生伙伴为轴的双赢思维清单。

找回自己的清单：

★自己的优点、弱点

★小时候的理想

★想要旅行的国家

★曾经做过的不喜欢的事

★想要从事的工作

★职业上的偶像

★生活方式的偶像

★5年、10年、20年后想要成为的人

以人生伙伴为轴的双赢思维清单：

★自己在对待朋友方面的问题

★有哪些交往是怀着利用对方的目的

★有哪些交往是被对方的人格魅力吸引

★身边与自己志同道合的人是谁

★想要对谁说对不起

★想要和谁或者什么事说"不"

★自己被朋友或亲人轻视的经历

★想要宽恕或者忘掉的被轻视的感觉

★想要感谢的人

以当下为轴

为什么总是患得患失或是感到烦闷无趣？因为我们的心思总是不能在拥有里感知。晴天里抱怨晴天，雨天里抱怨雨天。以当下为轴是，当我们走在乡间小路上，不论是大雨滂沱还是烈日当头，都能对拥有的当下保持觉知。看到身旁的秧苗、树叶上的蜗牛，仰头看见树丛里透过的阳光，或是从雨中潮湿的空气里闻到青草的芳香，而感到幸福和感动。

但是我们的心总是从当下溜走，这是为什么呢？是因为前一章里面讲到的，心理总是有很多时间轴上过去和将来的负累，物质上过多牵绊的东西。

如何做到以当下为轴？有两个训练找回当下的方法，一是训练专注，如果我们专注于眼前所做的事，也就容易清除干扰，找到那个当下。另一个是训练五感，也就是视觉、听觉、味觉、嗅觉、触觉五个感觉。身体的感觉敏锐，思想就不容易乱跑，既让人不觉得当下烦闷无趣，也防止脑子总是纠结于过去，没完没了地担心未来。这样既舍弃了干扰，做到有序，也掌控了当下，做到有效。

训练专注

对于训练专注的习惯，在后面的章节里会专门详细介绍一次只专注做一件事的方法，在这一章里可以试着列出让我们感到不安、焦虑的清单，把它们写下来，可以帮助我们放下这些烦恼。另外在前面内容里列出的幸福瞬间清单，也是帮助我们找到当下的方法，不妨在这一节的清单里继续强化或者寻找这些让自己感到快乐的事。

训练五感

训练五感的细腻感受，和训练专注相辅相成地把我们拉回到当下的状态。在之后的内容里也会详细说明如何训练五感，先是体会和接受感知到的一切好的和不好的情绪，发现哪些是让自己感觉愉悦的事物，在今后的生活里选择感受和强化这些感觉。后面的章节里会详细解说训练的方法，这一节先让我们试着列出一个训练视觉的清单。

帮助回到当下的清单：

★写出让自己恐惧和不安的事

★写出过去认为出丑的事

★不安的时候可以做的事

★生活中让自己感觉到快乐的事

★家务中让自己感觉快乐的事

★今天晚餐的饭菜是什么滋味

★列出喜欢的香气的名字

让我的眼睛感到愉快的事物：

★春天森林里的野花

★午后的树影

★夏日郊外广阔的银河

★潮湿的林子里在树上爬动的蜗牛

★在巴黎露天咖啡馆穿着得体的妇人

★冲绳海边的日落

请你也试着列出让你的视觉感到愉悦的清单吧。

以人生原则为轴

　　找到了自己，回到了当下，那前进的路和努力的方向该以什么为中心呢？有人以事业为中心，有人以孩子为中心，有人以金钱为中心，然而这一切仍然属于不可控的范围，或者在可控和不可控的边界，并没有完全成为被自己掌控的范畴。比如在日本生活的时候很多女性在二十几岁或者三十几岁的时候完全把生活的重心放到孩子的身上，放弃了事业或者自我成长，以至于一个政客竟然在公开场合说生养完孩子的女性是社会的负担。虽然这是个别政客的言论，但是也不能不说，过度偏向或依赖于外在的目标，可能会使人生偏离得越来越远，而最终无法清理和掌控。

人生的灯塔应该是对待一切事物的"原则",不论做什么事,走在哪个方向上,这些灯塔都能使我们找回自己的位置,使自己不至偏离方向。也就是不论何时都能做到有效。妈妈常提起姥姥最爱说的一句话"劳作是爱"。姥姥在世的时候我没有听到她在洗扫烹煮的时候有抱怨的话和烦躁的情绪。她在一餐饭、一次清扫、一件手工里体会到爱家、爱家人和爱自己的满满成就感,所以劳作也就不是负累,而是为爱而认真生活的人生原则了。

以人生原则为中心,这与人生的阶段性目标不同,例如考上理想的大学,拥有成功的事业和理想的伴侣,这些只是人生的历练和阶段性的目标,而不是整个人生的行事原则。

想象一下自己临终想要怎样总结自己的人生,以此来清理过去漫无目的或者过多偏离的目标,设定人生核心。企业家稻盛和夫的人生原则不是"功成名就和获得金钱地位",而是"提升心性,磨炼灵魂"。他说:"如果有人问我:'你为何来到这世上?'我会毫不含糊地回答:'是为了在死的时候,灵魂比生的时候更纯洁一点,或者说带着更美好、更崇高的灵魂去迎接死亡。'"他的人生目标就是今天比昨天做得好,明天比今天做得好,每一天都付出真挚的努力，不懈地工作，扎实地行动，诚恳地修道，在这样的过程中就体现了他人生的目的和价值。

趋近理想、清理欲望的清单：
★选择增加能力的事而不是薪水
★用更多的时间发展爱好
★不因为小众而放弃自己的理想
★放弃追求地位的想法
★更多地追求让自己身心自由的事
★不介意小事，关注大方向
★减少为了应酬的社交
★发展以爱好为原点的社交：跑步，读书会，驴友

找到人生灯塔的清单：
★对自己影响最大的人
★感觉到的社会上不道德的事
★自己现有的道德标准
★最值得自己敬佩的人
★父母的人生观
★自己认为的人生价值

这一章的清单很多，很多问题也许感到太大，一时找不到答案，没有关系，可以慢慢想，带着这些疑问去生活，在实践的过程中也许就慢慢有了答案。即便还没有，这个过程也让我们获得了成长。

第六章

没钱、没时间的本质是负载过多
——学会"放弃"和"关照"

前面的内容，重点在于发现和分析问题，找出了这些问题背后的规律，也就是那三个心理障碍，然后分析了解决这些问题需要的思维方式，即以我为轴，以当下为轴，以人生原则为轴。我们也知道有序、有效且美的生活是好的。但大家一定还会有"我具体怎么才能做到"的疑问。从这一章开始，我会提供一些具体的操作方法和解决方案，帮助大家获得有序、有效且美的生活。

很多人觉得没有时间好好过日子，生活被不喜欢的事情和物品填满。虽然我们已经知道执着的原因，但怎样才能做到"放弃和关照"呢？这一章里我就来讲一讲放弃的方法。

2011年我经历了一场地震和巨大海啸，当时在一起的朋友都互相感慨"通过这场灾难第一次认清生命中最重要的是什么"。在最恐慌的灾后24小时里，我发现人的关注点只有生命和生存，根本已经无暇顾及物质和财产。平常我最爱惜家里的盘盘罐罐，要是不小心打了个碗，不看自己手划伤了没有，先得确认一下碎的程度如何，锔瓷金缮还能不能补救。我记得当时积攒的一些喜欢的器皿都摔坏了，但是等真赶上山崩地裂的时候，什么名家手做啊，仅此一件啊，根本就忘干净了，只要大家都平安就是一切。

朋友们都不知不觉在紧要关头从物资到精神上互相辅助和支持，很多人家也和我们一样收留了因为交通停滞父母无法赶回家来的孩子。接着余震不断和核辐射危机的几天里，差不多每一家都在重新清点物品，我们想如果不得已需要逃离的话，那究竟什么才是真正的生活必需品。这样算下来的话，大概每个家庭只需要一两个旅行箱，就足够保障和从前品质差不多的生活了。

又过了大半年，日子变得和从前一样平静安详，但是空气里却依然处处透着反思后带着节制的紧张感。地铁、车站、百货大楼里再也不像以前那样灯火通明，夏天车厢里的冷气也没有那么夸张地马力十足了，人们终于开始意识到能源是有限的，天灾人祸随时可能发生。有的人提高了回乡探望父母的频率，有的人开始了以各种理由拖延了很久的"找回自己的旅行"。心灵成长的书籍开始热卖，我的朋友在三十几岁的时候辞去安定职位到面包店做店员，说是要重新实现小时候开一家面包店的梦想。

同一时期在西方，似乎很多人也开始有意识地清理自己的人生。我看过一部芬兰电影，叫做Tavarataivas，译作《我的物件》。讲一个二十六岁的年轻人帕特里·卢卡宁，他以失恋为契机做了一个实验，将自己所有的物品都储藏在一个仓库里，每天只拿一样东西出来。在这个为期一年的实验里，物质的极简使他越来越接近自己的内心，清楚了人生的本质，也就是我们真正需要的物品真的不多。他频繁地回去看奶奶，也终于找到了新的恋情。在这个每天一件慎重选择的过程里，他逐步认清了为了获得幸福人生，对自己来说什么最重要。在获得幸福的过程里，他看清了人与物品之间的关系——拥有物品对于获得幸福的作用根本没有想象的那么紧要。这部电影在2013年公映之后，很多人开始效仿做同样的实验，在年轻人里掀起了一阵重新审视自己生活的风潮。

在东方，我们把这种通过舍弃和重新选择，将自己从对人、事、物的执着中抽离出来，获得自在的方法叫做"断舍离"，在西方也有人把它叫做"极简主义"。而佛法的"布施、持戒、忍辱、精进、禅定、般若"也是如出一辙，布施是放弃财物，持戒是放弃逃避和不良习惯，忍辱是放弃傲慢和敌意，精进是放弃懒惰，禅定是放弃担忧和执着，般若便是获得智慧。

由放弃开始，最后获得人性的透彻。殊途同归的结果，都是放弃不需要的物品和欲望，找到并关照那个快乐真实的自己。在一次次地放弃和选择中练习发现生命原本的渴望和需要，发挥自己这个生命独一无二的创造性和自发性。

回到日常生活，即使没有面对特别的契机和变故重新审视生活，我们仍然需要面对拥有过多的困扰。

在时间上，过多的待办事项要处理，复杂的人际关系要维系，使得生活里充满了忙碌和被需要的假象，而忙碌一天下来好像真正为自己人生的幸福与成长所花的时间少之又少。例如碍于情面参加一个可有可无的聚会，为了竞争参加一个也许根本不需要的资格考试。

在空间上，无法再用的，再也不会用到的东西堆满了角落，占用了原本可以有效利用的空间，导致需要的东西反而无法找到。过期的零食和调料、为了赠品的诱惑买来的衣服，结果这些不喜欢的东西也许永远都不会再用再穿。这些阻碍了轻快生活循环的物品，其实就是生活的无用品。我们可以轻松扔掉垃圾，却不能轻松扔掉这些东西。

断舍离的方法让我们只留下必要的东西，甚至是一种不需要收纳的收纳法。很多人可能都了解过断舍离，实践过的人我相信都会有获得满满轻松感的心得。我们可以开始，或者借此再一次提醒自己，清理生活和生命里不再需要的一切，过上有序的生活。

"断舍离"是什么意思

参考断舍离的关系图，下面先来介绍一下断舍离的概念。

断：断绝不需要的事物。

舍：舍弃多余的事物。

离：脱离对事物的执着，留出时间和空间，找回自在的自己。

断舍离既然是一个为了只留下必要事物的取舍选择过程，那选择的标准就变得特别重要。这个准则就是，对当下的自己是否有用，以及是否符合自己的人生原则，如果抛开理性思维回到内心，这个标准就可以简单归纳为一句话："此刻是否心动。"而这个此刻又是一个不断向前的过程，所以断舍离的方法可以通过新陈代谢让人生获得螺旋式的持续上升。

参考图1，先从现有物品的舍弃开始，如果将生活比作是一只篮子，先确认篮子里的东西是不是对当下的自己有用。在放弃的不舍和纠结中，练习面对自己，什么是必要的，合适的，喜欢的，也就是是否心动，说的也正是以当下的自己为轴。比如，一件朋友送的衣服，即使很贵，但因为不喜欢一直没穿，就是没有心动，也就是没有以当下的自己为参照标准，而是因为执着于友情以及物品的价格了。

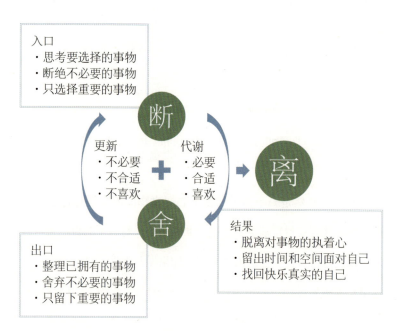

入口
·思考要选择的事物
·断绝不必要的事物
·只选择重要的事物

断

更新   代谢
·不必要   ·必要
·不合适   ·合适
·不喜欢   ·喜欢

离

舍

结果
·脱离对事物的执着心
·留出时间和空间面对自己
·找回快乐真实的自己

出口
·整理已拥有的事物
·舍弃不必要的事物
·只留下重要的事物

图1　断、舍、离

图中在出口的舍弃的过程里发现的必要、合适、喜欢的准则，会让我们在入口——也就是面对新的选择的时候，更明白将要放入自己篮子里的是不是符合了选择的标准。如果我发现在舍弃的时候，有一种碗是我根本很多年都没有用的，那再次碰到这种碗，不管它在店里显得多耀眼可爱，导购用什么方法劝诱，甚至假使这种碗是赠品，我可能也不会接受，因为这件东西对现在的我来说不是增色，而是和垃圾一样的负担。

断和舍的过程，不是一劳永逸的事，这也一样是伴随我们一生的任务，因为时代在进步，生活方式会改变，断舍的过程，就是可以帮助生活健康地新陈代谢的过程，也是一个不停地找回和坚持自己的有效方法。

再看回那张图，断舍的结果是离，也就是脱离对事物的执着心，留出时间和空间面对自己。

总结一下断舍离的方法，从两个方面帮我们找到自己。

首先是通过断和舍的过程，放弃了执着之物，关照留下来的物品，帮我们认识自己到底要什么。

其次是从结果上，离的状态，也就是一定程度上从放弃了物品，升华到放弃了执着之心，空间和时间上不被垃圾干扰的物理环境，也让我们更顺利地从关照物品，升华到关照内心。

断舍离与收纳的区别

说完了断舍离的概念，再清晰一下容易混淆的两个概念。很多人把收纳和断舍离混为一谈。比如当我们头脑风暴般的清理之后会发现，不知不觉拥有了那么多的东西，那么多等待处理的事项，收纳空间里面埋藏着无数曾经当作宝贝而从来没有再过问的物品。

是做一个详细计划把这些物品分门别类收纳起来吗？让这些不舍得放弃的物品占据着超过三分之一的空间，牵扯着我们三分之一以上的精力吗？先看看断舍离和收纳的区别吧。收纳是不做取舍选择，逃避问题，把所拥有的照单全收，再整齐规矩地收纳起来，看起来好像能干有章法，其实是为将来的生活埋下了病根。而断舍离像刚刚讲的那样，是可以自动产生新陈代谢的思考方式。从表1中我们可以看到它们在各个方面上的不同。

	断舍离	收纳
本质	整理生活的思考方式	整理空间的具体方法
前提	新陈代谢	保管
思考方式	只留下重要的	不分主要次要
占用时间	少	多
占用空间	少	多
物理轴	自己	物品/别人
时间轴	当下	过去/未来
是否可以使生活越来越轻快	可以	未必
是否容易持续	容易	不容易
技术含量	少	多
收纳工具	少	多

表1　断舍离VS收纳

虽然收纳也是一种可以让生活井井有条的方法，但它并不是一个能从各个方面解决人生问题的思维方式，所以，在着手收纳物品之前，先试着从舍出发，开始断舍离的生活方式吧。

根源

接下来讲讲无法断和舍的根源。就像前面章节里，面对生活中的问题分析的那样，最后回到了逃避现实、执着过去和担忧未来这些我们自身的根本问题。

表2是一些案例的模板，由此分析一下我们是否还应当保有这些东西。先从出口"舍"的方面思考，是什么原因使我们不舍，以及它们是否符合当下的自己。我在这里简单举几个例子，其他案例请参照表2。

像这样，从正面思维考虑是否符合当下自己，从负面考虑是否不舍得放弃或者不敢挑战是因为一些障碍。

物品/事项	着眼当下① 适合自己② 人生原则（喜欢）③	逃避现实① 执着过去② 担忧未来③
朋友送的不适合自己的名牌包	✕ 并不符合自己选物的原则③	念旧情，担心破坏关系，不喜欢也要留下②
貌合神离的婚姻	✕	对过去投入的时间、感情和成本（孩子）的执着②③
买便当留下的一次性筷子、勺子	✕ 就算野餐用也已经不适合当下的自己，相信自己的生活里值得更好的东西②	
还能穿却过时的衣物	✕	从物资不足的时代到现在不足几十年，对未来的不安全感导致不舍得放弃完整的物品②③
已经更新过的旧版流程书/文件	✕	清理掉纸质文件，只留下必须要保留的电子版①②
投入了资金却迟迟没有起色的事业	✕	因为投入了过多的沉没成本而逃避放弃的决断①②
妈妈送的不大喜欢的高价茶具	✕ 东西有用才有价值②③	
不昂贵但是喜欢的衣服	◯ 价值不等同于价格，喜欢最重要①②③	
奶奶传下来的易于使用的砧板	◯ 实用的物品经得起时间的考验②③	
困难但是可以提升自己的工作	◯	克服面对困难喜欢逃避的心理①

表2　我的"舍"清单

物品/事项	着眼当下① 适合自己② 人生原则（喜欢）③		逃避现实① 执着过去② 担忧未来③
不需要也不喜欢的赠品	✕	并不适合自己生活的物品，虽然免费，也只会占用空间②	
为赠品而购买不喜欢的衣物	✕	断绝不必要的物品，或直接购买赠品②③	
旅行时的纪念品	✕	留下回忆不一定需要具体的物品②	虽然不是特别喜欢，但又害怕错过的担忧②
朋友送来的不适合自己的礼物	✕	虽然不能一下拒绝，可以慢慢分享自己的理念，从学会送出最合适的礼物做起③	分享好的理念也许让关系更牢固和持久②
妈妈觉得好的结婚对象	✕	是适合自己，还是妈妈觉得适合自己②③	也许长辈是对未来的担忧③
选择赚钱却不喜欢的工作	✕	没有依照内心准则行事，也许一生都不快乐③	对未来的不安全感③
碍于情面的聚会	✕		担心自己被孤立，反而导致忽略了重要的人②③
被施加的与责任无关的工作	✕		担心破坏关系，实际上会挤占更重要的时间③
路边拾到的旧陶罐	○	价值不等同于价格，喜欢最重要①②③	
学习与梦想有关的技能	○	即便没有即刻的效果，也对梦想有用③	

表3 我的"断"清单

如表3，从入口"断"的方面思考。蒙古族是以游牧为主要生活方式的民族，他们在重复不断的迁徙中形成了断绝不需要的事物，只选择可以使用一生物品的习惯。表3就是我从他们身上学到的。

　　从入口的选择方面也是一样，从正面思维考虑是否符合当下自己，从负面考虑很多选择是否因为一些障碍，而不得不做。

行动

分析完了原因，从心理上推动我们舍弃和慎重选择之后，再看看行动上到底应该怎么做。

我的断舍离是从生活空间开始的。结婚后几年曾经一度陷于忙碌的工作，几乎没有时间关注生活，直到有一天休假回到妈妈家，猛然感觉同样是家，"别人家"和自己家差别怎么这么大，那么多年在妈妈身边总觉得一切理所当然的事，其实在对待生活的态度和行动上存在着本质的区别。妈妈的家整洁干净，料理精致好吃，没有莫名其妙堆在茶几上的零食杂物，没有问到她而说不出准确位置的物品，甚至我托她保管的衣服、礼物和信笺也被她无情的丢弃了。每一次我抱怨她把我当年的回忆扔掉的时候，她都淡定地说，谁让你不用的！我才意识到在她的概念里，物品保留的标准是现在用不用，而不是过去用过，也不是将来也许用得着。

我于是想起自己家杂乱无序的餐桌，对付一口的饭菜，永远找也找不到的钥匙、手机、充电器，堆积了很多年没有用到的衣服、书籍。这样看起来，从成长离家以来，除了读书和工作，几乎还没有意识到自己过的是生活。也就是说，并不是不想把生活过好，而是之前还没有意识到读书和工作之外的巨大时间和空间里自己是在过生活的。

那时候我突然好像发现了新世界。

这件事也让我意识到在行动上，潜移默化的力量远远大于说教，转化出来的能量也比语言和意识灌输高级得多。几年前有一段时间，对面的一对年轻邻居总是把恶臭的垃圾丢在门口，往往还有各种外卖的塑料盒子和饭碗。那时候常常想，怎么那么爱吃外卖呢，看起来真不健康啊！因为被这些每天早上一推门第一眼就看见的垃圾困扰，我想过直接沟通，想过找物业，也想过贴纸条，不过最终看起来他们不像是一两次沟通能改变习惯的。最终我决定亲手解决这些垃圾，每天傍晚做完自己的家务，我都会戴着手套出门帮他们把垃圾丢掉。

其实很意外地，丢这些垃圾的过程不但并不糟糕，反而很轻快有成就感。就这样没有抱怨地一天天重复，一个多月后他们的垃圾数量明显少了，也不知是感觉到有人帮他们处理垃圾，还是门口的清洁让他们不好意思再破坏掉干净的环境，跟着垃圾的减少，半年后他们竟然搬走了。不管是一两次的沟通还是强制的控制，事实上消化这些道理需要的时间不但可能更长，还可能因为逆反心理而使得事情变得更糟。

生活里遇到问题的日子何止十之八九，能有一两天是万里无云畅快晴朗的大晴天已经非常感激了。当遇到外界的困扰，有闲暇的时候去大自然里面待一阵，或者想一想自由生长的花草，别人的问题就由他去吧，让别人的小苗开出小花或者长成大树，我只管做自己力所能及的事。行动，何尝不是对待外部世界最有效的良方。

回到之前的事情上，因为我从小就受到妈妈行为的影响，在我不知不觉关注生活的时候，也能很自然找到相似的方式。我开始动用多年没有关注过的五感，感知存在于生活里的各种感觉。我发现给我带来幸福感觉的"视，听，味，嗅，触"多半也来自生活。从视觉感受的生活空间开始关注并清理，渐渐找到了自己对待生活的方式。

下面我将从三个方面，给大家解说行动的方法。

一、舍弃的行动流程

从一件东西的舍弃开始。

懒惰和拖延有一万个原因和理由，根本还是源于惯性。打破惯性需要的成本越高，越不容易开始，而开始行动的契机，往往需要一个特别容易被识别和操作的"开动机器的扳手"，这个扳手通常就是扔掉一件很容易被舍弃的物品，比如冰箱里一只烂掉的南瓜。

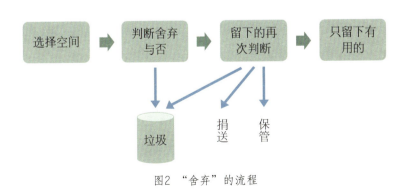

图2 "舍弃"的流程

• 从选择空间开始，再判断空间里的物品是否应该舍弃。

可以怀着感谢的心，扔掉对于自己和别人都无用的过期品、不配对的筷子、质量不高的物品等。

• 另外一些可以捐送。

对于不是自己风格却可能对别人有用的皮包、衣物、电器、书籍，我自己的做法是短期内捐送不出就果断处理，整齐放在公共回收箱一角。因为想要找到合适的朋友送出一样是一件耗费精力的事，放在垃圾场或者公共回收箱，也会被有需要的人拿走，回收的目的也就达到了。

• 还有一些短期用不到但适合保管的东西。

例如其他季节的衣服、第一个孩子的婴儿用品，可以放到不常用的收纳空间里。

• 剩下的就是日常经常使用的东西了。

当时当季最适合自己的衣服物品，放在最容易取用的位置。

二、根据收纳空间，决定保留的物量

保留下来的物量，也还需要根据空间的大小来决定，这里有一个"七·五·一"的留白原则。

存储和摆放物品的空间想要保持方便美感，什么都不放的空间是必须的，也就是常说的留白。留白是填不满之后剩下来的空间吗？并不是的，留白是一种为了保持秩序的设计。留下的空间太小会破坏间隙带来的张力，显得狭小局促。为了让物体和空白在使用上和美学上保持相互平衡的关系，不同的收纳空间需要留有不同的留白。

• 关于七的原则：看不见的收纳，物品占空间70%

30%空间留给取用整理时的通道，比如橱柜里如果满满都是碗盘，冰箱里满满都是食物，可能取用和寻找都要花一番力气。

• 关于五的原则：看得见的收纳，物品占空间50%

除了取用的通道，看得见的收纳在美学上依然需要留有一定的空间，让物与物在间隙里产生气质和高级感。例如折扣商店总是喜欢将物品堆满，而品牌专卖店总是让物品在空间里产生美感。我们的书柜、工艺品展示柜等，就属于这样的空间。

● 关于一的原则：装饰性收纳，物品占空间10%

装饰性收纳更趋向于在更大的空间里突出优美的非日常。从美学上看美术馆里的艺术品相比品牌店里的实用品需要更大的空间，从清洁角度，非日常物品由于不像日常物品

那样经常被使用和清洁，因此以量少为原则。比如家里的字画和照片，就属于装饰性收纳。

● 最后一个原则是，增加一件舍弃一件原则

为保持一贯优良的新陈代

谢，制定一个大约的物品总量，增加一件放弃一件，否则会进入物品不断增多、收纳空间不断扩容、时间空间和精力不断被占用的恶性循环。虽然并不是要严格遵守这样的原则，但是也应当有这样的心得，断舍离是新陈代谢和让我们提升的过程，根本不是一件一劳永逸的事。

三、摆放和收纳的诀窍

还记得在第一章里提到过的，有序的两个关键词——放弃和关照吗？对于留下来的物品，最好的关照就是常常使用它们，那怎么才能最容易最简单的被使用呢，这里有两个法则：一键式法则、一目了然的法则。

一键式法则的意思就是，减少取用步骤，节约整理的时间和精力成本。

话题回到克服惯性的成本，我们想要用一件东西的步骤越多，也就是成本越高，就越不愿意使用。比如，好不容易经历了艰难的舍弃和整理，东西依然被封进塑料袋，藏在带着盖子的盒子里，放在总是够不到的最上层，或者装进盒子再整整齐齐压在其他物品下面，那这些物品应该依然不会被照顾和使用。

下面有几个一键式的方法。

• 尽量减少取用步骤，放在身体习惯上最容易被使用的高度。

• 收纳道具可以选择不带盖子敞开的盒子，或者盖子和本体连接可以一只手打开的道具。

• 用抽屉收纳的时候，即使抽屉够高，也不要一层一层地摞起来，比如袋装的紫菜、干鱼等等调料，选择竖起来摆放，这样既节省了空间，也省略了挪开上面袋子的步骤。

一目了然的法则，就是让所有物品都一目了然可被看到和选择。

物品有用才有价值，被用到才能体现价值。衣服立起来叠放，拉开抽屉一目了然，衣服才不会因为压在下面而被忘掉。厨房调料按照类别，油盐酱醋各占一列，这样可以防止一些调料没被看到，还没怎么用就过期了。以此类推，让每一件留下来的物品都有理由被善待和有机会被选择。

案例

先为大家提供一个空间整理流程。

断舍离/空间整理流程清单：

★一件不剩把所有物品全部清理出来

★选择留下还是舍弃

★分析使用频度

★按照取用的难易，分配容易使用的位置给使用频度高的物品

★给每一个物品都安排一个家

★选择容易使用的收纳道具

★空间区分用方形方式区隔

★每个位置留出二分之一至三分之一的空档

★摆在外面看得见的物品全部统一色调

下面用一个具体空间的断舍离实例，来模拟一下操作的流程。我们这里以使用频率最高物品种类也较多的厨房为例。

按照每天至少一次亲自下厨在家用餐计算，朋友里面调查的结果，每天在厨房里的时间从1~4小时不等。厨房空间的舒适，既影响到效率，也影响到心情以及生活质量。我自己经常发现厨房的储物抽屉里面藏着很多过期或者根本用不到的零食、调料和杂物。

这里有一个厨房问题清单的模板，大家可以参照这个模板，也可以根本不列清单，直接把所有物品一件不剩地拿出来摆在外面。没有经验的时候整理整个厨房一定会感到有难度，所以也可以从厨房里的一个抽屉开始，你会发现当整理好一个抽屉以后，整理的快感让你一发不可收拾地将断舍离蔓延到整个生活。

根据对朋友们的调查，总结出大致下面这八个典型的问题。让我们一一用案例找出解决方案。

Q1，有很多用不到又舍不得扔掉的物品
A1，把厨房所有物品清理出来，用目前是否用得到和是否喜欢的标准，选择留下还是扔掉。

Q2，收纳的地方取用不方便

A2，把经常使用的物品放在容易取用的地方，比如刀放在切菜用的操作台附近，油盐酱醋放在灶台下面或者容易拿到的位置。

Q3，零碎的找不到固定地方的东西过多

A3，先看看零碎的物品是不是都用得上，如果需要的话也按照使用频率摆放，一定要一点点给每一个物品安排一个固定位置。

Q4，没有合适的收纳道具，收纳道具杂乱没有美感

A4，尽量选择方形的收纳道具，这样不论叠放还是平放看起来都整齐。也尽量选择同品牌同类长期生产的产品，这样之后需要补充的时候也显得更整齐。在收纳道具方面我自己比较喜欢无印良品的东西，因为品类全面细致，长期生产，产品本身个性不强很适合作为收纳道具，而且风格一致，空间不会显得杂乱。

Q5，抽屉里物品堆放杂乱，需要的时候找不到在哪里

A5，抽屉里的物品最容易叠放，所以尽量将抽屉里的东西竖起

来以便一目了然，另外也因为零碎，所以更需要借助方形的盒子或者家居店里专用的收纳盒做分隔。

Q6，每次收拾要花的时间、精力成本太高，收拾好之后很快又乱掉，没有合理的整理规则

A6，果断清理掉不需要的物品，今后会花更少的时间。如果使用之后依照原来的规则放回原处，并且分享给家庭成员，那每次花的时间就少了，也不那么容易搞乱。

Q7，零食和常用物品长期堆放在外面显得杂乱

A7，我有一个专门放零食、咖啡、茶之类包装比较抢眼的物品的收纳盒，这个收纳盒是印尼藤编的，盖子有一面用皮子连在盒子上，可以一只手打开。这样既降低了打开盖子的步骤，容易使用，也让厨房的颜色统一干净。

Q8，没有特别喜欢用的餐具，所以很多用不到

A8，如果不喜欢就处理掉大部分餐具，开始选择新的喜欢的东西。这个过程也是找到自己喜好的过程。周围都是喜欢的物品，也是关照自己的一种方式。

案例和解决方案就先讲这么多。

这一章除了整理流程清单之外，当我们无法舍弃的时候，还有一个思考清单。

无法选择／舍弃时的思考清单：

★这是我现在需要的吗？

★这是我真正喜欢的吗？

★我到底为什么舍不得／要选择这些东西？

★这些东西会给我带来快乐吗？

★会帮我解决现在的问题吗？

★这对我的健康和人生有用吗？

★这对我的人生目标有帮助吗？

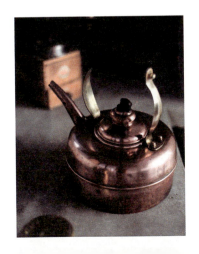

家是一个和自己一起成长的空间，所以断舍离是无时不在的。这里仅仅是以空间为例说明了由舍弃而获得轻快的方法，在选择的过程里明确自己，在选择之后清静的空间里找到自己。此外，在人际关系、时间安排、人生选择等方面，都可以把这些方法应用起来。

第七章

如何创造自己的安定自在

——训练"一次只做一件事"

之前我们讲到放弃。为了放弃，很多人甚至辞去了令人羡慕的工作，逃离北上广，想要在慢生活里找到安定和自在，却发现还是充满了惯性的焦虑，依旧不由自主地担心着未来。为什么呢？因为放弃之后，还要面对留下来的东西。北上广是逃离了，在新的环境里还是要面对欲望和比较，还是惯性地不断做加法。别人开了民宿，自己也想来一个；别人的有机农场有声有色，感觉自己也可以试试。眼睛还是在别人身上聚焦，从外面转向内面，真是不容易。

　　所以放弃不是逃避，放弃也不是一个做完就能简单获得幸福的行为，放弃是为了更好地关照留在身边的世界，比如自己和自己喜爱的事物。

　　"一次只做一件事"就是为了好好关照当下的事物。它让我们可以掌控行为，心无杂念地关照那个好不容易在一次次放弃和选择中找到的自己。更好地排除放弃之后也依旧在生活里不断干扰我们的事，并把自己独一无二的创造性和自发性坚持下去。

很多小孩子是带着纯粹专注的习惯做事的，我的孩子小的时候无法在吃饭的时候看电视，也不能在听老师讲课的时候记笔记，因为他一次只能做一件事，可遗憾的是他的这种能力伴随着长大改变了，变得越来越能同时做几件事。记得在企业工作的时候，有一项职业要求是大家可以同时做很多事，拥有同时兼顾多项任务的能力。在学校、职场等任何群体里，"别人"当然希望我们能实现他们的愿望。老师希望学生所有科目都能考个好成绩，喜不喜欢没关系；上司当然希望员工能同时完成多项工作，能不能带来个人成就感没关系。但为什么那样根本无法很好地关照事物，也无法关照自己，反而一次只专注于一件事，才会使我们更容易感受幸福呢？

就像我们在第五章里提到过的，因为心理总是有很多时间轴上过去和将来的负累，物质上过多牵挂的东西，所以心总会从当下溜走。之前提到了让我们回到当下的方法，其中之一是训练"集中"的方法。这一章就聊一聊训练集中，也就是"一次专注做一件事"的方法。

正念

很多人都应该读过一行禅师的《正念的奇迹》，也可能听说过积极心理学奠基人米哈里·契克森米哈赖的心流理论。其实心流的理论和正念殊途同归，正念是让我们对当下的实相保有觉知，让心回到现在的身体和感知；心流让我们全身心地投入到当下的一件事，达到忘我的程度。这些都是专注于一件事的方法，比如那个吃橘子的故事。

如果现在就有一只橘子在眼前，你拿起了橘子，剥开皮，把一瓣橘子送进嘴里，这时候你的手通常开始剥另外一瓣橘子，脑子里想着今天工作上遇到的烦心事，晚上要吃点儿什么，或者周末去哪里旅行，这就是不专注地吃橘子。那什么是专注地吃橘子呢？你拿起橘子，看到它橙黄发亮的样子，用手剥开皮，你闻到了小时候吃橘子时候的气味。拿起一瓣送到嘴里，你觉察到了把它送到嘴里的动作，咬一口，酸甜甘爽的橘子汁流进嘴里，这时候手完全忘记了下一瓣橘子的事，你只是完全而专注地感受这一刻的甘美香甜。

做其他事情的时候也是一样。也许你有过做某一件事的时候突然效率奇高，效果奇好，那一天真是如有神助，明明做了很多事却一点也不累。正念的感受就是感受身体和心对环境的实时体验，而不是身体在走路，心却挂在别的地方。当我们身体在行走的时候，心也专注于行走的喜悦，这就是正念，也是心流，当心与在大地上行走的身体融为一体的时候，就会有幸福感的奇迹。让我们浑然忘我，无意识地集中精力到这一刻，进入到一种身心合一、并由此获得内心的秩序与安宁的非常专注和喜悦的状态。因此，这种专注的方法不但能让我们达到"有序"里的关照，也能达到"有效"里的掌控，还能在心流的状态里体验美妙的感觉。也就是达到有序、有效且美的状态。

"正念"对应的英文单词是"Mindfulness"，它的意思是以一种特定的方式觉察，即有目的地觉察，在当下不做任何判断，使人的思想不再漫无目的地发散、妄想，而是把内在和外在的意识体验专注于当下事物的心理过程。20世纪70年代西方开始通过脑科学的研究，在临床心理学上验证了Mindfulness也就是正念对心理健康和幸福感的影响。

2011年耶鲁大学研究发现静坐和冥想类的正念禅修可以降低DMN（DefaultMode-Network，默认模式网络），避免走神。

2012年加州大学圣芭芭拉分校的研究发现冥想可以增加注意力，经过几个星期的练习，试验者的GRE成绩平均提高了16%。

2014年约翰霍普金斯大学研究发现禅修可以减轻忧郁、焦虑和疼痛症状。

冥想时头部前额区和中心区的阿尔法波会明显增加，阿尔法波是人们学习与思考的最佳脑波状态。这时人的意识清醒、身体也是放松的，身心能量消费最少，相对的脑部获得的能量较高，运作就会更加快速、顺畅，灵感及直觉更敏锐。总结一下就是，正念的训练对五个大脑区域的变化是有利的。

从东方几千年前用身体和心感受到的经验，到近代经过西方的验证，再次回到我们的视野，让我们更深切地体会到正念的力量。

心流

　　说完正念，再说说西方心理学概念，心流（FLOW）。在心流状态下，时间自然消逝而不被察觉，人的机能处于巅峰状态，所从事的工作如行云流水、畅通无阻。在全神贯注、聚精会神的过程中，已经忘记了自我，感到了明显的愉悦感，达到了完满。

　　我们日常里即便什么也不做，也会内在失序，在米哈里的心流理论中叫做"熵"。生命本身就是一个"熵增"的过程。就像我在本章开头说的，孩子随着年龄增长，专注的能力减退，而不由自主地关照和本性本心无关的事就是"熵增"。早在1947年薛定谔就指出了熵增过程必然体现在生命体系之中。人体是一个巨大的化学反应库，生命的代谢过程建立在生物化学反应的基础上。从某种角度来讲，生命的意义就在于具有抵抗自身熵增的能力。在人体的生命化学活动中，自发和非自发过程相互依存，因为熵增的必然性，生命体不断地由有序走向无序，最终不可逆地老化死亡。这也验证了我们第二章里说到的生命需要有序，也就是要反熵增。

个人成长上，过多不必要的欲望必然导致思想上的混乱，过多不必要的人际关系也会导致我们的关系上的无序。这些都会导致熵增。相反让生命有序的过程就是反熵增的过程。

在心流这一完全专注的有序状态下，和正念一样，精神世界的混乱程度降低，我们对于环境和自我的控制力都得到了提升，这些都是反熵增的方法。

我们很多人以为心流是在休闲状态下获得的，然而调查表明它反而在工作中更容易获得。但是当我们问一个工作的人要不要去看电视时，很多人会乐于放下工作，因为这其中包含一个悖论：文化的惯性，尤其是在西方的文化里亚当干活是因为犯了错，西方的文化默认工作就是受苦；而东方文化认为："知之者不如好之者，好之者不如乐之者"，既说明以学习和工作为乐是幸福的事，也说明，排除干扰并以喜欢的工作为乐，就是正念或者心流所要追求的状态。

获得专注的方法

专注的状态可以是静态的，专注的什么都不想，就是我们之后要讲的冥想；也可以是用意志力让自己投入到一次只做一件事的专注，就是之后要讲到的番茄工作法；还有一种不需要意志力的锚定法，就是借由手和身体的动作作为锚，将心带入到安定的状态。

冥想

首先是冥想。近年来在全球被人关注的冥想，是训练专注特别有效的方法。

冥想的具体方法有很多种，大家可以在各种书籍里找到适合自己的冥想方式，我建议开始的时候可以借助很多关于静坐冥想的

app，或一些可以信赖的书籍和课程。你可以每天早上或者晚上固定时间做，也可以在想要集中精力做事之前做，甚至可以从一分钟冥想开始。不管是什么方法，重要的是现在就开始行动。

冥想最常使用的方法是"将注意力集中到呼吸上"。

呼吸是唯一通过意识能控制，也能由身体自动完成的行为，所以很容易让我们达到身心合一。在生活的其他场景也一样可以把冥想应用起来，比如走路的时候把意念集中在脚的感觉上，集中在左脚一下右脚一下这样像呼吸一样有节奏的事情中去，帮助我们更广泛地找回正念。

番茄工作法

我们每天会面对很多日常不得不做的工作，这时候需要动用意志力让这些工作做得更深入和完美。番茄工作法就是把时间分成几个聚焦工作时间和一个短暂的休息时间，组成一个打包体。它是1992年由弗朗西斯科·西里洛创立的。之所以叫番茄工作法，是因为他当时用的计时器刚巧是番茄形状的。

简单说就是选择一个待完成事项，25分钟全情投入，叮的一声结束后，休息5分钟。完成简单易行的一次只做一件事的专注工作。

具体的方法是，你只需要一个计时器或手机，一个待办事项清单。

1. 设定你的番茄钟（定时器、软件、闹钟等），时间是25分钟。

2. 开始完成第一项任务，直到番茄钟响铃或提醒（25分钟到）。

3. 停止工作，并在列表里该项任务后画个对号。

4. 休息3~5分钟，活动、喝水、方便等等。

5. 开始下一个番茄钟，继续该任务。一直循环下去，直到完成该任务，并在列表里将该任务划掉。

6. 每四个番茄钟后，休息25分钟。

对待同一件事，专注去做的完成效果可能是成倍的，日积月累的效果必然是惊人的。训练专注可以让深度工作的习惯正向叠加，不知不觉间完成自我实现。

锚定身心的方法

我非常喜欢这个方法，因为这种方法不需要腾出特别的时间，也不大需要动用每天存量不多的意志力。这个方法的核心是通过把注意力锚定在手或者身体的动作，把随处飘荡游移不定的心拉到身体之内。

这个锚可以是一种需要集中精力完成的爱好。这是最容易专注并能体会到心流的方法，在本书很多章节里都能找到这些让身心合一的训练。喝茶、插花、园艺、陶艺、木工、钓鱼等，这些事情的特点是稍一走神就会前功尽弃，而集中精力就会获得成就感。

物质的满足使越来越多的现代人体会了虚无的痛苦，特别是富有到什么都可以即时满足的成年人，和什么都不缺的孩子。由劳动获得物质是我们原始的动力，劳作本身就可以本能地使我们感到尊严和治愈。

我的一对丁克朋友，从很年轻就开始各自寻找需要花费大量时间的爱好，妻子闲暇时间做手工并在周末市集上贩卖，而先生迷上了钓鱼。实际的意义并不在于社会价值，而在于让无所适从的心回到身体、得到治愈。

这个锚还可以是一些日常里需要动手完成的事务。比如洗碗、

擦地，甚至记笔记。我之前常会在洗碗的时候怀着快点儿干完好看电视的心情，这样洗碗就变成了不得不做的烦心事，把家务的时间划分到了令人烦恼的时间。其实这些动手的家务是非常适合训练专注的，洗碗的时候可以想着，家人用了这些干净的碗，会感到安心舒适，也愿所有的人都有美食可吃；在叠衣服的时候，可以想着让家人穿着带着阳光气息的衣服快乐舒展的样子，希望所有的人都能穿上喜欢的衣服；甚至在工作的时候也可以想着，愿自己的工作能给人带来帮助，希望所有人都能有工作可做。在工作卡住或者读书无法进入状态的时候，可以动起笔来记笔记，让手把心带入到一个可以集中的锚点上。

　　日常中训练专注的方法有很多，我常用的首先是锚定的方法，因为这不需要特别的意志力，不需要腾出专门的时间，就能让我进入心流状态。其次是冥想的方法，通过训练让思想集中，思考方式简单。最后当我不得不马上专注于某些事情的时候，会尝试番茄工作法。关掉手机或者社交软件，设定闹钟，冥想几分钟后，开始一项需要集中精力做的事。进入非常专注的状态之后，心流的体验很快会到来。

　　我已经不记得在整个写作的过程里得到了多少次心流的体验，倒是每次感到疲倦、思路不清楚的时候，冥想几分钟，用笔写下思路，甚至习惯后根本不需要设定闹钟和关掉社交软件，也能全然投入了。

让专注持续转化成幸福感的两个关键点

当我们专注于某件事的时候，可能会遇到两个问题。第一是在熟练度不够的时候无法达到忘我的状态，第二是当一切驾轻就熟之后会有厌倦的情绪。让专注持续转化成幸福感有两个关键点，一是反复训练达到炉火纯青的状态，另一个关键点是给自己提出适当的挑战获得持续的成长。

对于第一点，达到这种自动的、自发的心流的状态，在成年人的世界里，极有可能发生在一个受过严格训练以及培养了良好技艺的人身上。比如，开车这项技能，开始的时候因为不熟练我们总是精神紧张手忙脚乱，直到熟练到不需要大脑思考就可以反应到手上。在创造力研究这一领域，有一个接近真理的说法是，没有10年时间在某个特定领域的技术知识积累，是不可能创造出什么奇迹的。在手工业时代人们的幸福感是比现代人强的，因为手工艺人必然要通过反复制作一件东西达到浑然忘我的状态。比如庖丁解牛的故事，就是炉火纯青的技艺让过程如有神助的例子。

对于第二点，心流的关键是成长。当技巧高于挑战的时候我们会厌烦，当挑战远远大于技巧的时候又会气馁。心流的有效渠道，就是成长的临界点。

有的人会说打游戏就是这样的过程啊，一关一关打下去就会有如有神助的心流体验。但是要知道有些闲暇是消极接受大众传媒的方式，这些大都不是专门为个人成长设计的，有时候是利用人们需要闲暇和上瘾的心理获得商业成长的工具。

那哪些行为和真正的成长有关呢？是文化。比如工作，也比如和文化有关的休闲项目，就像小孩子能全神贯注投入到玩具里一样，有人也把和文化有关的休闲称作成年人的游戏。东方有很多称为道的休闲娱乐，如茶道、花道、跆拳道等等。很多人认为这些项目过于形式化，其实目的都是通过形式上的重复训练达到身心合一，又通过一次次推离舒适区的适度进阶挑战，让这种由成长获得的心流体验持续给我们带来幸福感。

　　找到自己，集中到一件事上，都是帮助我们获得心流的方法。这可以把我们拉回到人生的轴心，在以我为轴、以当下为轴、以人生原则为轴的基础上获得成长。

　　训练专注，我自己的心得是每天都抽几分钟冥想，或者在吃饭的时候感知吃饭，在工作的时候投入工作。也会时常给自己一个可能翘起脚伸伸手就能获得的挑战。

训练专注做好一件事的清单：
★早晨起来，轻轻地微笑
★平躺，全身放松
★静坐冥想时，随顺你的呼吸
★听音乐时，随顺你的呼吸
　★走路时感知自己的身体和姿势
　★泡茶时，专注泡茶

★给自己准备一顿简单的饭菜，吃饭的时候缓慢体会每一口的滋味

★和孩子（或者朋友）交谈时，看着对方眼睛，只专注于交谈

★衣物保持同色系，首饰保持金或银一色

★花瓶里只插一枝花

★每次只整理一个房间

★居室颜色一色（黑白灰之外）

★让自己挑战一个不同的字体

★关照自己与宇宙

到这里为止，如果阅读了前面的内容，对于现在的生活，已经了解了放弃和关照的方法，并可能也有所行动了。有人会想未来该怎么办？投入当下并不是要我们不考虑未来，而是更明确和笃定地走向属于自己的未来。

第八章

警惕幸福破产：好好生活的优先级

——如何每日落实幸福计划

前面讲到放弃了不必要的事物，并让自己关注当下的幸福，但在长久的生命中我们还需要未来持续成长带来的幸福。

正如友情像一个需要投资的账户一样，幸福也需要一个这样的账户。除了当下的幸福瞬间，我们还需要一个为未来幸福投资的账户。为这个账户储值，未来的当下才可能更有质量。为未来投资的另一个好处是，在遇到问题之前看到和克服问题，生命往往只有在成长的过程里才能激发更多的创造力。

比如：

为实现理想的学习

为企业未来发展在研发上的投资

为旅行计划做的时间和金钱上的储蓄

为健康的运动和作息

为孩子健康成长所做的陪伴

为父母的幸福回家的时间

正因为这些都是长期努力才能换得的幸福，没有立竿见影的效果，所以最容易被延后、忽略。占用每天大量时间的往往是被催促着紧急要处理的"救火事件"。

就在我写这篇内容的同一天，一个身边熟悉的朋友因为心梗突然去世了。一位事业有成正当壮年的男性，为工作远离家人在外拼搏多年，没时间运动，作息不规律，永远在深夜独自喝酒。之前已有两次因为晕倒而被送进医院，仍旧只在生病的时候紧急住院，只在不舒服的时候吃药，只在孩子和家庭出现问题的时候临时回家收拾局面，甚至家里的几次重大事件也因为工作没能到场。但是已经没有人知道他会不会曾经为这样的生活感到后悔了。

这大概就是没有未雨绸缪的幸福破产吧。

像之前聊到的那样，即便我们什么也不做，生命也是一个熵增的过程，从个人生命本身，到家庭成员的关系、企业、社会、大大小小的系统，如果只看重短期利益而没有为未来投资的长远打算，一切都会消亡，幸福迟早会破产。花更多时间投资未来，就是一个让未来也持续有序、有效且美的过程，也是让未来反熵增的过程。

当下反熵增与未来反熵增

反熵增，在时间轴上，一种是在当下，一种是为了未来。

先来看看我们平常是怎么度过一天时间的，占用大部分时间的事是什么，有多少是熵增的，有多少是反熵增的，不论是在当下好好生活，还是为了未来的美好生活。

写下或是回想一下一天的时间清单：

一天时间清单：

★占用自己大部分时间的事

★浪费时间的事情（网络，电话粥）

★一天中算是全心真诚地活过的时间

★一天中专注家务、吃饭所花的时间

★一天中因为工作获得成长的时间

★一天中一个人度过的美好时间

★一天中和看重的人度过的美好时间

当下反熵增

在当下如何做到"反熵增",第七章中我们讲到的"正念""心流"的概念,以及训练专注做好一件事的清单,就是很便捷的解决办法。在当下的生活里,很多事情看上去并不紧急,甚至让你觉得无关紧要,但却是让我们切实感知到幸福以及为幸福累积的事。还记得第一章中,我们列出的幸福瞬间清单吗?你可以随时记录、回顾。

未来反熵增

那"未来反熵增"的方法是什么呢?简言之,就是投资到对自己未来重要的事中去,也就是将时间投资到未来的美好生活中去。

首先是找对那些对自己"重要"的事,找到人生目标本身。这个寻找是没有终点和目的地的，更没有一步到位的灵丹妙药，只能是在不断放弃和选择中慢慢整理和发现。寻找的过程本身，就是实践"未来反熵增"的做法。

寻找的过程里，你会需要一些自我判定的标准。如果暂时找不到标准，可以依据第六章我们提到的"断舍离"方法中讲的那样，用"心动"来判断：什么事此刻让自己心动，那就尝试和深化这方面的学习，在学习的过程里渐渐清晰。

对于已经明确的重要的事，是需要把它们拆分到每一天之中的，比如你觉得陪伴父母或孩子是确定重要的事；比如你为事业未来的发展，认为学好英语是确定重要的事；再比如计划的旅行等等。这样，我们就能实实在在地描绘并实现人生的幸福地图，也能为未来反熵增了。

对于重要但紧急程度很低的事，实行计划的拆分执行，是很多职场人士都明白的依据"重要紧急度四象限"进行工作安排的管理方法。但对于"生活"这件事，这个原理应该怎么运用，如何被更好地运用，也许是很多人的思维盲点，也是极易被忽略的方法。"好好生活"，也许过着过着，便没有优先级了。

重要不紧急的概念

　　这里提到一个大家都很熟悉的概念：重要不紧急的原则，也是我们选择做对未来幸福更有意义的事情的方法。之所以在这里重新提到这个很多人都已经了解甚至实践过的概念，一是因为一个道理需要在重复的再确认中化为真正的习惯，还有一点是我们不单把它用到工作和目标中，而且作为养成幸福习惯的工具。

　　重要不紧急原则来源于时间管理的四象限法则。时间管理理论的一个重要观念是，应该有重点地把主要的精力和时间，集中地放在处理那些重要但不紧急的工作上，这样可以帮我们整理工作、生活甚至整个生命里重要的事，尤其是对未来重要的事，做到未雨绸缪。

想要把精力放在重要但不紧急的事务处理上，需要很好地安排时间。这需要克服惰性，有效控制和管理自己，才能很好地计划并且执行。一个好的方法是建立预约。建立了预约，自己的时间才不会被别人所占据，从而有效地开展工作。建立预约之后可以用上前一章里讲到的冥想和番茄工作法，排除干扰集中到这些重要的事情上面，达到生活和工作的有效。

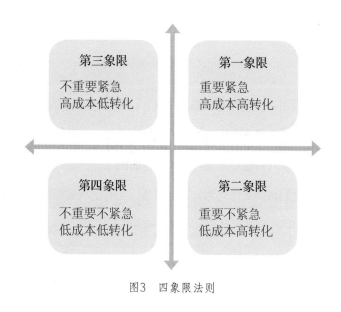

图3　四象限法则

把要做的事情按照紧急、不紧急、重要、不重要的排列组合分成四个象限。这四个象限的划分有利于我们对时间进行深刻的认识和有效的管理。

第一象限　重要紧急：高成本高转化

这个象限包含的是一些紧急又重要的事情，这一类的事情具有时间的紧迫性和影响的重要性，无法回避也不能拖延，必须首先处理优先解决。一般是要紧急处理的重要会议和工作、被孩子学校召唤、自己或家人的紧急健康问题。

针对第一象限的行动方法是：马上做。如果你总是有紧急又重要的事情要做，说明你在时间管理上存在问题，设法减少它。

对于第一象限的事，应该怎样有效地做好呢？

1. 擅用清单，避免疏漏：每天保证完成当天必须做完的事，完成后打钩确认，增加成就感。

2. 即时完成：船在顺流里省力，在静止的水里启动需要更多的能量。因此在完成一项任务的时候顺便把周围的事情清理干净。在厨房料理的时候顺便把器具都及时洗好归位，收到信息后马上回复，不需要用专门的时间再单独处理，不能马上回复的列在待办的清单里。

3. 完成好过完美：这是Facebook座右铭，因为紧急性所以解决问题要比完美解决更重要。因为害怕做不完美而逃避会使自己更郁闷，让问题越来越大。

4. 处理事务的表达尽量简短，电话快捷，邮件阐述重点。

第二象限　重要不紧急：低成本高转化

第二象限不同于第一象限，这一象限的事件不具有时间上的紧迫性，但是，它具有重大的影响，对个人或企业的存在和发展、周围环境的维护，都有重大的意义。

针对第二象限的行动方法是：计划做。尽可能地把时间花在重要但不紧急（第二象限）的事情上，这样才能减少第一象限的工作量。

1. 将计划规定具体日程，建立预约。比如给开发产品列出具体开始和完成期限；将体检、看牙医列入计划；陪伴孩子或者父母也在每天和每周列入具体计划。如果逃避做计划，未来会花更多的时间处理。

2. 擅用时间管理的方法。比如之前提到的番茄工作法，就是在减少紧迫感带来的外在压力，所以用时间管理的方法能帮自己在约定的时间内排除干扰，更专注地把事情做好。此外，时间管理手账和电子版时间管理工具也是不错的选择。

3. 决定了就立刻去做。如果不容易进入状态，参照之前冥想和锚定的方法，可以增加专注力和行动力。

4. 一个人能做的事尽量不要试图邀请别人，这将花费更多约定和交流的时间。比如运动、学习。我们总是喜欢在内在力量不足的时候依赖别人，自己一个人总是感到不安，也害怕担负完不成的责任，但是成长最终是一个人的事。

5. 把大计划拆分成小计划，把长远的幸福目标拆分成阶段性的幸福小目标。除了用正念感知当下的幸福，长远的、未实现的幸福也不是只有实现那一刻才有资格体会。

6. 目标画面越清晰越好。比如开一家店的梦想太笼统，写出这家店是书店、酒店还是咖啡店，具体在什么样的城市，什么样的环境，外观是什么样的，里面是什么样的，和什么人一起工作等等。收集一些可视化的图片，增加这些画面的魅力和具体程度。

7. 既不给自己的梦想设限，也不因为可能不满意的结果而责怪自己，调整计划，继续前行。对于不问结果，在第三章写清单的第四个原则里介绍过。"希望越多失望越多"的经验让很多人没有勇气拥抱更大的梦想，童年的心理问题也可能会让一些人认为自己不值得美好的人生。不给自己的梦想设限，就是要打破心理限制、突破幸福力的天花板。

第三象限　不重要紧急：高成本低转化

第三象限包含的事件是那些紧急但不重要的事情，这些事情很紧急但并不重要，因此这一象限包含的事件具有很大的欺骗性。很多人认识上有误区，认为紧急的事情都显得重要，实际上，像突然打来的无谓电话、形式上的会议、打麻将三缺一等事件都并不重要。这些不重要的事件往往因为紧急而占据我们很多宝贵时间。

第三象限的行动方法是：授权做。授权就是让别人去做，尽管别人做的不一定完美。另外也可以"拒绝做"。在工作中适时离开手机、拒绝无意义的社交，虽然看起来有点难，但可以试着从简单的事情做起，一点点开始说"不"。

第四象限　不重要不紧急：低成本低转化

第四象限的事件大多是些琐碎的杂事，没有时间的紧迫性，没有任何的重要性，这种事件与时间的结合纯粹是在扼杀时间，有如浪费生命。上网、闲聊、八卦，可能是会让生活越来越无序和混乱、任由熵值增大的生活方式。虽然不可能完全不做，不过要尽量在之后的生活里减少在第四象限上花费的时间。

第四象限的行动方法是：减少做。不重要也不紧急的事情尽量少做。比如，如果在手机上追八卦视频会连续不停刷个没完的话，不如换成八卦杂志，既满足了好奇心和休闲需要，又可以不被大数据下的内容推荐控制。

依我自己的经验，把手机内容换成纸质内容，被控制的时间越来越少，自制能力也会越来越高，微小的进步，会不知不觉迭代出大的成长。

第一象限和第四象限是相对立的，而且是壁垒分明的，很容易区分。

第一象限是紧急而重要的事情，每一个人包括每一个企业都很容易判断那些紧急而重要的事情，并把它优先解决。

第四象限是既不紧急又不重要的事情，认真思考过后应该会让自己减少这些时间。

第二象限和第三象限比较难以判断，尤其第三象限对我们的欺骗性是最大的，它很紧急的事实造成了它很重要的假象，耗费了大量的时间。

依据紧急与否是很难区分这两个象限的，要区分它们就必须借助另一标准，看这件事是否重要。也就是按照自己的人生目标和人生规划来衡量这件事的重要性。比如朋友打来电话需要陪伴，要看是闲聊八卦还是人生重大烦恼需要解决。

最重要的是投资第二象限，也是我们要在日常化为思维习惯的重点。"上医治未病"，东方传统医学，也在讲同一个道理。

第一象限的紧急事件，由于时间原因我们往往不能做得很好。把已经变得无序的问题在发生之后补救也未必能像从前那样恢复有序。所以做好第二象限的事情就尤其重要，当我们有充足的时间去准备，有充足的训练去做好，就会让有序的事情维持秩序，甚至挽救已经无序的事情变回有序。可见，投资第二象限，回报才是最大的。它能防止未来的幸福破产，事业、健康的流失；也能让我们的未来拥有幸福的当下、美好的生活、健康的身体、家人朋友的和谐、更具将来性的事业。

在写出重要不紧急清单之前，让我们先用清单想一想对人生重要的事。虽然很难，也不一定能很快找到答案，例如对自己来说重要的是什么这样的问题，可以天马行空地写下一堆卡片，然后从里面找到最重要的三张并排序，比如可能是健康、金钱、事业，也可能是日常生活、自我实现和友情。

日常让自己感觉幸福的事，可以回头参看第一章的幸福瞬间清单。

找到将来对自己重要的事的清单：

★能给别人带来幸福的才能

★给自己带来幸福的人

★喜欢自己的人，被喜欢的理由

★想要成为什么样的人物

★对自己来说重要的是什么

重要不紧急的清单：

★日常里值得期待的时间（吃饭，冥想，瑜伽，跑步）

★让人忘记单调日常的时间（插花，喝茶，派对）

★陪伴计划（每天给自己、孩子、家人的时间）

★读书计划（每月或每年读什么类别的几本书）

★外出计划（电影，约会，同学会，旅行）

★学习或培训计划（根据找出的方向，列出年度培训计划）

★经济物质计划（想要的房子，拥有的经济能力）

★事业发展计划（想要达到的职位，深度开发产品，开一家店等等）

　　之前几章也曾不断提到，如果我们总是苦兮兮的，为了未来的自己只顾埋头苦干的话，也许那个远大的梦想还没有实现就结束了。要发现和珍视当下的幸福瞬间，每天给自己休闲时间感受它们。

找到和写下未来的幸福，把它们拆分成学习、陪伴和事业计划，用专注和高效的自我管理实现它们。重要的是清单也要断舍离，每年有一两个重点目标就足够了。比如不能马上辞职发展爱好，就把储蓄目标和学习目标作为重点。

未来不是三级跳可以到达的，梦想也不可能爆发式地完成。认真思考"对自己的幸福重要的事"的回答时，相信你已经比之前明确了在幸福地图上你要走向的下一个目标。把"重要不紧急优先清单"所标定的事，拆分到每日的工作生活计划里，每日践行一点点。过程里和阶段目标到达时，我们会感受到自己人生的意义。

第九章

提升捕捉幸福的敏感度

——训练视、听、味、嗅、触

当下的幸福，是每天想着怎么才能像别人一样幸运，还是让自己变成幸福体质的人？

所谓幸福体质，就是拥有用身体感受幸福的能力。美好的味道、怡人的香气、迷人的景色，这些都可以带来幸福。现代人过多地用脑而不用身体，大概也是变得越来越缺少幸福感的原因。依赖头脑的文化让人忘掉了身体的智慧；科学进步神速，以至于过多依赖头脑的作用。头脑离天性感受越来越远，很多身体的本能也弄丢了。

我们都知道生物本能的威力，直觉也常常比语言和逻辑系统更高效、更准确。比如蜜蜂能以最省力省成本的方式精准地建造坚固的六角巢穴，蜘蛛也能自如地织出完美的等边三角形，这不是物理计算的结果。动物们也会根据果子的香气和颜色直觉地判断它们的味道和营养、有没有毒性。但神农尝百草，能准确感觉到食物进入身体后的走向，哪个脏腑有什么反应，是心跳加快了，还是胃肠蠕动节奏不一样了。人类在语言意识建立后到今天，直觉的本能却逐渐退化了。训练五感，能让我们找回身体的感觉，这种感觉让我们跳过知识过滤后的思维，直接让身体和心连接，找到幸福的感觉。

五感的磨练让我们对当下幸福的感知更宽广更深刻，也能帮我们明确未来最重要的到底是什么。丰富细腻的"感"带领身体排除干扰，专注于此刻的美好，这就是获得有序、有效且美的人生捷径。

比如现在这个瞬间，能听到什么声音？闻到什么香气？坐着的椅子让你感到舒服吗？

感觉是不分年龄性别都可以磨练的，时间都不晚。喝红酒的时候，试着用不同的方法把味道描述出来，试着把香气分类，并感觉它们的变化。在这类学习的过程里，我们会发现之前对味道是多么迟钝。

练习五感的过程，首先可以认识到感知的能力在什么程度，然后修正它们。像断舍离一样，有时候要舍弃一些过激或偏差了的感觉，让感知系统保持明亮干净，之后才能感受到更多。所以感觉力是能把我们带到更精彩世界的能力。

嗅觉

我有时候闻到松林的味道就会想起奶奶家附近的森林。气味往往比影像和声音更能唤起回忆。气味超越时空，把我们带到遥远的小时候，某个地方，和某个人的一些回忆。有的人因为香水的气味给自己添了自信，还有芳疗师用芳香缓解精神紧张和肉体痛苦。大脑产生情绪的杏仁体在愤怒焦虑的时候会兴奋起来，而这个部位不用经过思考直接和嗅觉连接，当遇到好闻的香气时，杏仁体就会平静下来，有些医院给等待检查结果的患者使用芳香精油，以达到缓解焦虑的作用。

磨练嗅觉，其实不单单是让自己感到快乐的事情之一，而且是从身体和精神上实实在在让自己变成幸福体质的方法。

气味清单一例：

*松林的味道

*干净老家具里藏着的木头香

*轻井泽小溪旁的负离子气味

*人流攒动的纽约中央车站的

　空气

*刚熬完的焦糖酱的香气

*新书里的纸香

磨练气味的清单：

　*特定场合特定物品的特定

香气

　*孩子时代留下印象的气味

　*在自然里喜欢的气味

　*用语言描述出喜爱的物品

的香气（茶，酒，香等）

视觉

　　视觉是占感官信息比例最大的一项，人类接受的外部信息中超过80%是从视觉得来的，大大超过其他感觉。而这么重要的视觉的敏感度也是可以后天养成的，画家在长期的作画中能捕捉自然界里最值得入画的景物，料理师能根据经验用眼睛挑选出哪一块牛肉做出来是最鲜嫩多汁的。

　　人也能够分辨几千种不同的颜色，并可以把他们用不同的词汇来表达，这不单可以提高色彩敏感度，也可以增加知识的储备量，是一件很有意思的事。比如有从大自然里想象的颜色，也有由动物联想到的色彩。中国色彩的名字就很有想象力：月白、竹青、燕羽灰、木槿紫、孔雀蓝。前阵子流行的莫兰迪色，在各种颜色里加入了一定比例的灰，像蒙上了一层雾，给人舒缓雅致、平和自持的感觉。

视觉上不只有色彩，还有大小、形状、纹理等，我们可以根据自己的知识和词汇储备，写出自己对看到事物的描绘。

关于视觉的清单已经在第五章提供过一个参考，下面也请大家写下自己的关于视觉训练的清单。

磨练视觉的清单：

★关于视觉的各种表现

★让眼睛感到愉快的事物

★关于喜欢的事物色彩的描绘（比如云彩的浓淡变化）

★关于喜欢的事物形状的描绘（比如雕塑的大小、线条）

味觉

味觉衰退，有时候健康也跟着衰退，相反，从味觉里得到快乐，可以让身体保持健康。味觉是直接关系健康的一种感觉，让味觉干净，对健康的滋味保持敏感，也是获得健康的一种有效方式。比如对添加剂和刺激性食物保持距离的话，身体会跟着健康起来。

吃饭的时候一口一口慢慢感觉滋味，可以用葡萄、榛子、糙米这类健康又需要咀嚼的食物练习，慢慢咀嚼，好好感受，你可以从每一口里感觉到不同的触感和滋味。如果有兴趣和精力，把喜欢的食物味道写下来。为了给自己参考，学习红酒品鉴师的课程也不失为一种好用的方法，之后就容易在其他的品鉴中举一反三了。

味道清单一例:

★菜园里刚采下的黄瓜

★新鲜加吉鱼刺身弹在嘴里的味道

★在清凉的河水里冰过的西瓜

★刚炸过的蔬菜天妇罗浸在乌冬
面汤里的味道

★小时候林子里刚采的野草莓

★喝过乌龙茶后由苦涩到甘甜
的转变

让味觉更丰富的清单:

★食物或饮料的表现

★喜欢的味道

★不喜欢的味道

★用甜、酸、咸、苦、辣分
类的食物

★喜欢的味道的组合(比如
酸辣、酸甜等)

听觉

　　五感不光能感受到美好的东西，有时候也能感受到不好的。比如满是香精味的饮料，添加剂很多的小食品，没有审美的广告牌，还有时候是城市里各种躲不开的噪音。工地动工的声音、路上没必要的喇叭声、不那么美好的语言……虽然很多时候这些声音像暴力像二手烟一样，不得不遇到和接受，但是至少我们可以在更多的时候选择感受自己喜欢的声音。

　　听喜欢的音乐也是一种磨练听觉的方式。音乐可以带来心灵深处的感动和欢愉，有时候甚至能改变人生。电影《肖申克的救赎》里，安迪在监狱里违规通过广播给囚犯们听《费加罗的婚礼》，犯人们不一定都知道音乐的名字，但这显然不重要，重要的是他们在监狱的嘈杂声之外，感受到了音乐的美妙、心灵的救赎。培养享受感官乐趣的能力，就是培养和谐性情的能力。人有了和谐的性情，就会有爱自然、爱自己、爱别人的能力。

　　音乐给我们带来的感觉太多了，就像不同的时令和不同的身体状况下会选择不同的食物一样，不同的心情下也可以选择不同的音乐给心灵带来营养。

听觉清单一例：

★大自然的流水声

★早上醒来树林里的鸟叫

★篝火的噼啪声

★远方运河里汽笛的声音

★脚踩在落叶上的声音

★卡彭特的歌

★和父母在一起的时候听小时候

　常听的邓丽君的歌

★写稿的时候听喜欢的电影、音乐

★想要放空的时候听韩国古乐

★回忆过去的时候听青春时代的歌

参考这一清单，写下你喜欢的声音和音乐清单吧。

磨练听觉的清单：

★大自然里喜欢的声音

★让自己感觉愉快的声音

★放松的时候喜欢的音乐

★催眠的音乐

★招待友人的音乐

★做家务的音乐

★早上唤醒的音乐

★度过浪漫夜晚的音乐

★纯粹想听音乐的时候的

音乐

触觉

　　婴儿从一出生开始就需要母亲的怀抱带来安全感。触觉的敏感度会影响大脑的辨识力、身体的灵活性和情绪的好坏。

　　触感既能让人兴奋，也能让人平静。"动物疗愈"就是通过抚摸和接触小动物而获得安慰。

　　触觉能表达我们的爱意，能从对方的回应中识别情感的安慰，通过皮肤里的神经细胞传达到大脑。一枚一元硬币大的皮肤里有数百万细胞，触摸后带来的感觉，让我们获得很好的自我意识，意识到自己和周围环境的接触和关系，从而把我们很快地拉回当下的身体。

触觉清单一例：

★无花果果酱在口腔里的触感

★冬天雪后的窗外感觉到的太

　阳的温暖

★和孩子或亲人的拥抱

★舒适的按摩

★柔软干爽的麻质床单

★初雪雪花飘在脸上的感觉

磨练触觉的清单：

★对自己来说，触摸的感觉

　是指什么

★让自己触摸到感觉舒适的

　材质

★让自己触摸到感觉不快的

　材质

★记忆里喜欢的触觉

五感协奏曲

　　针对现在城市孩子们的生长状态，一些早教中心开设感觉统合训练的课程，与此类似的是成年人也开始离自然越来越远，如果没有刻意训练，生活可能会不由自主过于依赖大脑的思考而不是感官。

　　在分别训练五感的同时，我们也可以试着将这些感官用最恰当的方式融合在一起。如果中国茶用大大的英式茶壶泡出来肯定不能最完美地表现滋味。而初春在树下赏花的时候吃的樱花点心，在秋天的时候就不合时宜了。秋天裹着毯子踩着银杏落叶，听着炭火的噼啪声吃烤熟的栗子，也许才是那个季节最恰当的五感协奏曲。

五感协奏曲一例：

★冬天温暖的室内、舒适的椅子、热茶、
  喜欢的几本书

★按摩、精油的香气、喜欢的音乐

★咖啡、芝士蛋糕、好看的餐具

★去山上野餐，清新的空气、合适的温度、
  麻质野餐垫、喜欢的啤酒、自己准备的
  好吃的食物

你也写下或者执行自己的五感协奏曲吧。

这一章下来好像任务很多，没关系，不用一下把所有清单写完，留下空白等发现的时候再写，恰好能让我们持续关注当下感官的幸福。

第十章

越整理、越麻烦？顺应你的生活习惯
——让好习惯的成本变低

越是聪明的人，越难以付诸行动；越是功能复杂的产品，越不知道如何使用；当一家美食店展示6种果酱的时候，比展示24种果酱销量上升了10倍。这些情况的发生是因为大家都希望让头脑和身体做出判断的成本变低。

这些问题都不是简单地通过处理表象可以解决的。聪明的人因为思虑过多而害怕行动的时候，不是把所有最坏结果都评估之后使事情越来越复杂，而是从简单的事开始行动起来。不知如何使用产品不是通过更复杂的培训教会用户使用，而是改变系统用简单的按键让操作变得容易。果酱销量不高不是花大量的精力宣传24种果酱的区别，而是简化产品线，从根本上顺应人简单思考的惰性，让选择的成本变低。

在工作和生活这个复杂的系统里，存在着数不清的问题和阻碍，让生活的效率变低。这些问题有些是显性的，比如明明有书房和书柜，但书总是在茶几上乱放。有些是隐性的，比如家里有个爱整理的女主人替大家把书收拾回书柜，看似没有问题，实际上这占用了女主人一个人大量的时间。

那么，要怎么解决这些问题呢？之前通过舍弃已经让生活有序，但对待留下来的物品和事情，我们来讲讲怎样才能更有效。

还记得我们说的"有效"的关键词顺应和掌控吗？对于刚才的问题，最好的解决方案不是女主人一个人承担家务其他人再搞乱，不是不断告诫家庭成员把书放回书柜，不是请家政帮助整理我们的生活，而是在大家最爱看书的地方设置一个小书柜或是书篮，顺应成员各自的生活规律，让掌控行为的成本变低。那这一章让我们专门讲一讲如何通过优化生活系统来"顺应"我们自身和自然的规律，获得有效的生活。

建立流程系统的原则是顺应规律

大家都知道生活中面对的问题不是独立存在的，而是关联到周围和背后的整个系统。解决问题的对象不是一个点，而是形成这个点背后的网。对于系统地解决问题，有两种方式，一种是清单（to do list），这种方法已经阐述过，也一直贯穿在整本书里；还有一种是流程（work flow），就是下面要讲的。

我相信大家在职场生涯中都多多少少接触过"如何团队协作""如何优化工作流程，提升效率、减少错误"等培训，这就是工作中的系统化流程管理。

我初入职场时，从事的是物流行业工作，那时候，企业会用大量严谨的计算分析出客户集中在哪里，工厂应该建在什么地方既保证生产资源和产品质量又节省分销的时间，怎样的仓库位置和数量既节省储存费用又节约运输费用，等等。这是空间位置上的流程。

还有在工作过程里，生产的时候需要什么样的步骤，才能保证既让一辆车的生产部件在需要的时候送到加工车间、保证顺畅工作，又不造成库存过多的浪费。这是时序上的流程。

所以我们知道，在工作的流程管理上，大体来说有"空间"和"时序"两种。它们都是顺应了获得高效生产和物流的规律，降低各个环节的成本，来确立的位置和时序流程。

另外由于人本身难免的失误率，为了避免在物流操作中人为的疏漏和错误，在环节上投入成本，导入商品自动识别系统，使发货准确率几乎达到100%。这也是顺应了人本身难免会疏忽大意的规律，没有像以往通过责罚责任人那样试图改变人本身无法突破的准确率极限，而是从流程上投入成本或设置一定的操作，减少或规避坏习惯。

如何在空间和时序流程上制定严密高效的系统，帮助企业、组织优化各环节运作，从而提升生产效率、减少失误，这已发展成了需要精心学习和研究的"管理学"里的多种学科。在工作的流程管理中，建立系统的指导原则和目的就是"降低成本养成好习惯，提高成本克服坏习惯"。那看看我们自己的生活，是不是也需要建立系统化流程呢？

日常生活相对于企业的生产来说，其实更为复杂和琐碎。但我们中的大多数，往往因为忽略工作之外的自己和生活，也忽略了对生活这个系统的思考和分析，甚至很多人在职场中是强者，却缺失好好生活的智慧来应对和塑造"人体和生活"这个系统。

之前的内容里，我们用清单认知自我、标记幸福，现在我们回归到生活的琐碎里，去尝试找到并建立生活的系统。这些系统的建立，能真正改变一个人和家族的未来。

生活系统的良性运转，也有赖于顺应规律

第四章中提到：当发现自己"懂得道理但做不到"的时候，要认识到我们人人都有的深层的心理障碍。在心理层面，当我们树立了强大的心理动机，来促使行为改变的时候，也要警惕自己是不是一直让自己处于"强扭的瓜"的状态。

有媒体曾经采访生活整理达人石黑智子，保持如此整齐干净的家，是不是每天都要花大量的时间、拼命扫除才行呀？她回答说，我只是想着"这样的话家务会更简单"并实践这些想法，什么样的做法能顺应身体的习惯，能更偷懒，做起来更高效、更省劲儿，仅此而已。

所以，为了追求行为改变的结果，而期待让自己立即改变习惯，而不是顺应，这很可能也是你实现从"认知"到"行为"统一的阻碍。

　　我的一个朋友，因为注重化妆，流程较多，所以工具复杂，这造成了她化妆台长期杂乱的烦恼。为了收纳得当，她采购了不少收纳工具。刚开始还能强迫自己，把化妆工具分门别类地收到抽屉里，时间一长，尤其是早上化妆赶时间，往往化妆工具依旧是随手扔，因为拉开抽屉把化妆工具整齐放进去，再关上抽屉，让动作的成本变高了。即便她意识到，整洁有序的空间是让她期待的生活状态，但依旧很难从行为上掌控自己的身体。

　　还记得我们在第六章中提到的"一键式收纳法则"吗？将使用频率高的物品减少使用步骤，才是实现有效收纳的出发点。其实我们不难发现，人们行为的习惯是哪怕是多一个步骤也会减少使用频度。将其束之高阁的收纳，每次使用都要拉开抽屉，分门别类，这无疑增加了她的动作成本。按照"一键式"的整理原则，把有盖子、抽屉式的收纳盒，替换成和化妆工具大小相仿的敞口盒子，或许已经可以让杂乱的桌面变得整洁清爽。这个变化虽小，但却是在顺应人的行为习惯的前提之下，降低动作成本，从而养成了随手整理的好习惯。还记得我们一直说的"有效"的关键词吗？不是逆着人体习惯增加成本，而是顺应习惯继而更容易掌控行为。

为了克服人本身心理和身体上的坏习惯和惰性去改变坏习惯不如建立一个新的、容易更好地掌控行为的习惯系统。这是因为改变固有的习惯很难，而开辟新的习惯却容易很多。比如面对熬夜的坏习惯，与其硬着头皮睡觉，不如在床边放一些难懂的书、有助安眠的香氛，选一些适合安眠的音乐，都能顺应身体进入睡眠的条件。

所以最终这个系统是让人持续向上的，而不是任凭熵增向下的。这种掌控就像之前提到的，不是苛求身体和心理苦苦改变而不得，而是建立一个顺应规律的新系统让改变来得更容易。

种子生长要依靠自然环境和四季时序，要顺应这个系统。我们的个体既顺应自然和社会的大系统，也得顺应让自己变好的小系统。只有这样才会让生活更为科学和省力。

下面就说说建立生活流程系统的思维框架，并找出生活里的问题和阻碍，用实际案例试着从空间位置和时序流程上，建立一个更省力、更顺畅的生活系统。

建立生活流程系统的思维框架

下面是建立生活流程系统的思维框架，不管是我们空间和时序上的哪一种方法，都是为了让整个生活更省力，更有效，"像丝一般顺滑"。

花精力建立系统

在工作中，一个由专业人士建立的系统，可以让很多没有经过专业训练的人也能高效准确地工作。就像windows系统、智能手机系统，没有编程知识的人都能自如地使用，它也是顺应了人的习惯，将不必要的思考和操作减到最少。生活里也一样，省力的系统一旦建立，剩下的就是照做了。

可能扫除里擦桌子是一件麻烦事，解决这件事要花三天到一周时间。首先分析一下，觉得麻烦的可能是洗抹布，以及桌子上东西太多阻碍了擦桌子的动作。那解决方案一是把抹布换成纸质的一次性湿巾，二是把桌子上杂乱的东西都归到一个篮子里，挂到桌子侧面，这样台面上就没有东西，擦桌子这个小小的行为就变得容易很多。即便是很爱做家务的人，也会因为这个改变而节省了很多精力。从买一次性湿巾，到选篮子挂到桌子侧面，整个过程花费了一些精力和时间，但是得到的轻快和顺畅却可能是几年几十年的。

化整为零

生活本身比工作系统要复杂多变很多，所以化整为零可能比一次性把所有事情做完更省力也更有效。

每天花十分钟把物品归类胜过周末一次性七十分钟的劳动成果。等问题积攒到周末的时候，我们可能面对一大堆杂乱的物品再也没有气力整理了。清理卫生间这样的事可能是人人都感到头疼的，但是我把用刷子搞大扫除这样的事，变成用碱水喷壶喷到纸巾上每天擦拭一两次的日常习惯，"卫生间大扫除"这样令人生畏的事就再也没有发生过了。

与人共享

和共同生活的成员共享，既节省了一个人辛苦做家务的时间，也可以在家庭成员里达成共识，共同在一个省力的系统里互相影响和激励。

每个人都有从众的心理，有一个酒店在客房里放了一块为了环保请重复使用毛巾的牌子，但收效甚微，而当社会心理学家建议把牌子改成"本旅店的大多数房客都重复使用毛巾至少一次"的时候，重复使用毛巾的比例提高了20%。我在家里通常把脱下来待洗的衣服放在洗衣篮里，而如果我偶尔忘记了而随手乱放，我的孩子也有可能帮我把这件衣服放进洗衣筐里，因为大多数人大多数时候都是这么做的，他自然想要和大家一样。所以系统共享的目的不是互相规定和管制其他成员的身体习惯，而是顺应、激励和相互影响。

持续改善

在第三章清单的注意事项里也讲到过持续改善，对结果的满足是我们感觉不到持续幸福的绊脚石，只有把持续改善的过程当成乐趣才是建立生活系统的真正意义。

生活达人石黑智子说，结婚几十年一直是在整理当中试行纠错，一边失败，一边积累经验。三四十岁的时候大部分时间都在试验和纠错，五十岁的时候开始知道"这样做家务会更简单"，等到六十岁的时候已经不用动脑，手就自动找到最省力的方法，达到了建立系统的身心合一。

生活流程系统有复杂长期的，也有具体到行为上可以从细节直接入手的。

接下来就聚焦在常见的生活整理、生活规律的空间位置以及动作流程上。首先获得"扫一屋"的实际效果。有心力有悟性的朋友，可以将这些原理举一反三到生活的方方面面。

找出生活里的阻碍

在每日持续的日常里，我们会遇到很多压力、不顺心。其中有不少就是来自未经深度整理过的生活，还有一些是除了生活整理之外的生活规律上的问题。断舍离让我们舍弃了生活里的不必要，但是留下来的东西未经整理依然带给我们压力。为了从根本上找到解决这些问题的方法，我们需要一个系统性的思维，从生活的全局考虑，用全局的思维方式解决每个问题，虽然是长期持续和无处不在的过程，却依然能够最终让身体自然形成一些新的好习惯。

在这个过程中，降低成本养成好习惯，提高成本克服坏习惯。

这里说的成本，在生活里可能就是一些起床、迈步、切菜、拿起手机、打开柜子这些细小的动作。这些动作虽然看起来微小，但是连贯起来就构成了我们一天或是一辈子的生活。由于人类保存精力的惯性，我们不由自主地能偷懒就偷懒。那就顺应身体偷懒和对美好的欲望，顺应这些习性，降低这些成本养成好习惯，提高成本远离坏习惯。

先列出生活里可能会有的困扰和阻碍，看看怎么能系统地思考和解决这些问题。

困扰生活的阻碍一例：

*不爱读书

*想去跑步却总是不爱行动

*总是吃垃圾食品

*房间里有很多死角总是不爱整理

*随手把书和文件等物品放在动线最容易经过的餐桌或者茶几上，显得很乱

★花大量的时间浏览智能手机

★早上不爱起床

★周末清扫太花时间而让杂物越积越多

★冲动消费

我刚刚列出了可能和普遍存在的问题，让我们看看是从空间位置上下功夫，还是从流程上下功夫。大家可以写出困扰自己的问题，如果没有什么问题，也可以重新思考一下在空间整理和流程上虽然已经做得很完美，但是不是其实还有可以优化节约时间和精力的地方，以让自己有更多享受幸福时光的时间。其实列出这些清单本身已经是一个最好的开端，认识到问题，是解决问题最关键的一步。

再次强调，这两个系统其实并不是要我们像管理工作一样把所有的流程一次性做好并写下来，这里只是提供一些方法和思路，让我们一点一点地建立和优化生活的系统，行动起来。

"指定位置法"和"整理流程法"

刚刚说到，整理和建立有序、有效的生活系统，有空间位置层面的，还有时序流程上的。

我们将空间位置上的系统叫作"指定位置法"，将时序流程上的系统叫"整理流程法"。后面会举例了解这两种方法具体的实践方法。

指定位置法，是指在空间上把适当的物品放在适当的位置；整理流程法，是指在时序上把适当的事情在适当的时候做。最终目的都是用系统性思维的方法，降低行动成本养成好习惯，提高行动成本远离坏习惯。

下面就用一个表格，把生活中可能存在的问题，用这种省力的方法试着找出解决方案。也许这些问题和方法并不都适合自己，但是我们也许可以用这样的思维，解决属于每个人的问题。

问题	解决方案	指定位置	整理流程	降低成本养成好习惯	提高成本远离坏习惯
不爱读书	买一个好看的书柜，开辟一个让看书变得享受的空间，比如窗边。把躺在床上之后的第一个动作设置为读书时间。	○	○	○	
想去跑步却总是不爱行动	买一双好看的运动鞋和一身漂亮的运动衣，放在显眼的位置。	○		○	
总是吃垃圾食品	尽量远离超市垃圾食品货柜；买来的食品放在一个高一点不透明的敞口盒子里，放进去容易，取出来难。	○			○
洗手间角落因为杂物多而总是在扫除的时候留下死角，洗手台周围容易留下水渍	将洗手间的刷子和清洁液放在悬挂的篮子里，这样清理时的阻碍就减少了。洗手台可以在每个人洗手的时候顺便整理，而不是等到水渍形成；也可以换成一次性湿巾。	○	○	○	

问题	解决方案	指定位置	整理流程	降低成本养成好习惯	提高成本远离坏习惯
随手把信件和报纸、文件等物品放在动线最容易经过的餐桌或者茶几上，显得很乱	在餐桌上或是最容易随手放东西的地方准备一个悬挂杂物盒，让随手乱丢的习惯一键式变成随手整理的好习惯。	O	O	O	
周末清扫太花时间而让杂物越积越多	先清理一个最明显的小地方，比如桌面，这个显而易见的整洁会潜移默化地让人有继续打扫的欲望。每天只清理一个地方，而不是一天把所有事情做完。		O	O	
花大量的时间浏览智能手机	睡前把手机放到离床远的地方，把社交软件都从手机的首页移到最后一页。	O			O
早上不爱起床	从伸懒腰做起，让起床这个比较困难的行动从让人舒服的活动筋骨开始启动，比较容易快速清醒。		O	O	
冲动消费	让自己远离容易冲动消费的地方，删除消费性app或将其移到手机上不容易到达的角落。	O			O

生活毕竟是极端复杂和不断前行的，所以下面的清单就是一些生活系统建立的注意事项。

建立生活系统的注意事项清单：

★系统化是每天每时不断变化的课题

★感谢生活里的阻碍和问题，这正是优化生活的契机

★想到了就马上行动

★不被固有观念所困，灵活使用道具，油漆刷也能成为清理死角的道具

★每次集中做一件事，如果困扰过多就把问题列出清单今后解决

★建立新的习惯需要重复和时间，给自己耐心

系统思考的关键是既顺应外在和内在的习惯，又容易掌控自己养成好习惯，远离坏习惯。

最终我们是要让自己生活有效，进而获得当下和未来的美好生活。

第十一章

以手抵心，进行"物"的美学升级

——生活美学没那么高深

音乐制作人坂本龙一，在一个成熟男性为消费群体的产品广告里，当被问道："你喜欢自己吗？"他说："当然喜欢啊，喜欢自己会让我返老还童，更加疼爱自己。"

说到疼爱别人，我们可能会给他一个拥抱，一起吃点儿好的。那怎么疼爱自己呢？很多人往往觉得给自己做一顿营养早餐都是浪费时间。对于物品，除了买衣服首饰这类终究是穿出去给别人看的东西之外，有多久没有给自己买一件只有自己才用得到的好东西了？一件内衣、一个好看的杂物收纳盒、一个餐勺……也许因为反正也没人看到，对付用一个就好了吧。我们长大以后似乎只顾着疼爱别人，而忘记了疼爱自己。

孩子们往往能自然而然地说出自己想要的物品，而不在乎这件物品是不是可以展示给别人看，是不是能提升自己的社会地位。所以不管是路边一颗石子，还是让爸妈肉疼的昂贵玩具，都只会因为

"喜欢"这个单纯的理由而选择。因为小时候我们天生知道如何疼爱自己，也更容易对玩具着迷。如果小时候种种喜欢必须讨得欢心才能换取，长大之后很可能会成为一个将热情当成人设，把付出当作回报筹码的人，一旦没有回应就否定别人继而否定自己。还记得孔子"求仁而得仁，又何怨"的故事吗？自己的行为永远是个人的决定，外界的反应不应该是我们行动的动力。对于每一个童年没有受到足够关照的人，成年后更需要在漫长的岁月里一点点将爱惜自己作为日常的功课。

那成年人又该如何疼爱自己，找到着迷的玩具呢？回想一下让自己着迷的时刻，是不是很多和发现美以及创造美有关？还记得之前写过的幸福瞬间清单吗？在没有讲美学和心流这些先入为主的概念之前，回看清单里的大部分内容，都是生活里通过五感获得的美的感动，以及动手创造生活美之后随之而来的幸福感。欣赏美的事物原本就是我们原始的渴望，而创造美的过程，可以让我们在日复一日的平凡生活里，获得创造新事物带来的达成感，和由手及心的成长和喜悦。

所以对于成年人来说，创造美，可以让我们获得幸福感，用来创造美的物品，就是成年人疼爱自己的玩具。

如何选择美物

如何才能找到帮自己创造美的物品呢？

周围很多年轻朋友问我，该如何选择家居饰品，如何穿着打扮，如何选择职业等等，我常常认为自己也一直在寻找的路上，尤其是年轻的时候，试错是成长的必需品，也是必交的学费。试错就像打疫苗一样，用很少的成本，获得这一类疾病的长久免疫，而一次次的选择和失败，才能让我们在今后的人生中长久地规避那些不适合自己的物品。

有一本名叫《会生活的料理道具》的日文杂志，里面刊登了关于"如何选到合意物品的过程"，接受采访的几乎所有生活家都经历过无数的试错和纠正，都曾在找到适合物品的过程里交了很多学费。而分别采访他们最后得出的结论也惊人的相似，几乎异口同声都是"简单而实用的物品"。

下面就从一些会生活的前辈那里，学习一下大家都是怎样找到心仪的美物，最后又是什么样的物品给他们带来了持久的幸福感，虽然不一定能帮我们独特的人生省下试错的学费，但应该能在终于找到这些物品的时候回想起来，发出"啊！原来是这么回事！"的感慨，也会帮我们在今后的选择中一次比一次清晰，一次比一次对生活美的理解更深刻。

关于选物，我也在多年的试错后总结出四项原则，分享给大家：

1. 生活中选择让自己心动的物品留下；

2. 形状上简单而实用的物品；

3. 材质上和自己一起成长的物品；

4. 从造美的环境系统考虑物品的色彩与风格。

下面，我就逐一为大家讲解这些原则和怎样的生活哲学相关。

选择让自己心动的物品

十几年前的日常里，我一直过着朝九晚九的工作生活，不一定十分喜欢，也并不乏味，一边平衡着工作和家庭，一边思考如何在职场获得更多的成长。直到2008年初春的一个晚上，在一个生活摄影师的帖子上看到一个淡淡的绿色花环安静地挂在一面斑驳的白色旧门上，我莫名地被感动了。心理学上解释人感动的原理是，一种事物的出现与本人潜意识里的某种东西达成共识，产生了情感共振。弗洛伊德在《精神分析学》里说，潜意识是指潜藏在我们一般意识底下的神秘力量，是人类固有的一种动力。潜意识聚集了人类数百万年来遗传基因层次的信息，如果能善于捕捉好的潜意识，它会萌生无穷的力量和智慧。我那天鬼使神差地报名参加了学费昂贵的生活摄影课，也开始越来越多地采购让自己真正喜欢的物品。这也许就是潜意识带来的能量吧。

记得电影《阿甘正传》里开篇的镜头，一片洁白美丽的羽毛飘舞着辗转飞落到阿甘脚下，傻傻的阿甘什么都没想，捡起已经弄脏了的羽毛，打开箱子，小心的夹在祖母留下的书里。低智商的阿甘也许正因为思想简单，所以能更直接地与潜意识连接，凭简单本能的直觉做选择，无论拾起一片羽毛，还是一生守护他心爱的珍妮，都没有背叛自己最初的心动。

我相信每个人都有基因和过往经历带来的独特审美，当一件物品出现在我们眼前，心动是最值得尊重的第一标准，心动的背后是潜意识里层层叠加的追求美好和幸福的巨大能量。

选择形状上简单而实用的物品

美国学者塔勒布在《反脆弱》那本书里说，越是在过去长久存活过的东西，越会在今后的时间里获得长久的存在。比如锅碗瓢盆，不论是史前时代，还是现代社会，它们的样子一直没有什么变化。而那些多余的装饰只会在特定的年代昙花一现，最终还是回归到基本的形状，适于人食用的大小，以及合手的弧度。

其实所有那些长久被使用过还依然存在的东西，无一不是简单而实用的。而所有供人顺畅使用，简单实用的物品，一定是线条优美，材质结实，让人安心的。

那些长久存在的品牌，虽然低调实用，却往往因为材质上乘、工艺精湛而价格昂贵。所以我们总会因为这些低调的外表而忽略它们的实际功能，却被其他带着附加条件的诱惑和看似华丽的外表吸引。比如被多余高调的设计吸引了眼球，觉得独特设计的东西才值得购买；因为低廉的价格和促销活动，忍不住购买不是真正喜欢和需要的东西。作为商品和宣传，品牌会利用消费心理制造一些诱惑手段，而我们此时需要保持理性，做出反操控的判断。

还记得我在断舍离那一章里说过的，选择物品的原则是是否适合当下的自己和人生原则吗？如果人生原则是完成自我的使命，那就试着从物的选择上练习，挑选真正值得拥有的物品吧。

选择材质上和自己一起成长的物品

说到简单实用，往往是指设计上的形状和功能性，但如果进一步考虑材质，有些物品是越用越老化难看的，比如无机的塑料产品。而有些是能陪伴我们成长，越来越好看的东西，比如有机的木材、麻布、皮革。

同样是《反脆弱》那本书里，塔勒布说现在这个世界越来越脆弱了，因为过度依赖无机的机械的物品，导致一旦一个零件损坏就全盘崩溃。而有机的生命体比如猫就不是这样，它们有自我调整和修复的能力。反脆弱不是将一个易碎的玻璃杯换成一个纸团，纸团虽然不脆弱，但也不会带来成长，我们需要的是一个带有橡胶皮球性质的东西，可以在摔到地上之后还能获得反弹，也就是成长。生活里可以长久陪伴我们的物品，应该就是那些使用很长时间后泛起光泽的木桌，越擦越亮的铜锅，越洗越柔软、越缝补越有味道的麻质床单。这些物品在经我们使用之后，反馈给我们的是独一无二的、令人感动的岁月年轮。

正是这些自然材质的不确定性变化，才比那些一眼就能预知未来的线性机械物品更有味道。不论是物品，还是人，在使用的过程里彼此的肌理和内涵都更丰富了。

从造美的环境系统考虑物品的色彩与风格

即便我们选择了设计简单实用、材质天然上乘的物品，但在色彩和风格上依然不知如何把控。而摆在生活用品店里非常和谐的咖啡杯，到了自己的家为什么却显得格格不入呢？因为我们需要从自己整体家居环境的色彩风格考虑，选择什么样的物品才更融合。

前些天一个朋友发来我的照片问，为什么你的发型并不时尚，衣服也不时髦，但是看起来却很舒服。如果30岁的人生能推导出40岁不油腻的中年状态，我该怎么办？记得法国作家多米妮克·洛罗说：现在的时代，已经不是一个追求Trend（潮流）的时代，而是找到自己的Style（风格）的时代。

每隔几十年，潮流就会来一番轮回。追随潮流不但让人疲惫不堪，也在追随的过程里失去了自己的个性，而如果找到自己独特的风格，潮流就是可以为我们自由使用的工具了。正如禅语里的心随境转，我们追赶着潮流；还是境随心转，让潮流为我们所用。所以从家居物品到穿搭，符合自己风格能长久喜爱的物品可以占七八成，而流行的二三成，可以作为生活里的调剂和点缀。

在日常的居住空间里，或是平常的打扮上，如果运用过多的色彩和个性过于强烈的元素，会增加我们整理的成本，因为风格和色彩上的不协调，使得好不容易断舍离后的状态也依然显得杂乱。每个人并不需要像扎克伯格和乔布斯那样，穿最少样式的衣服，把视觉选择的成本减至最低。但用同样的思路，先判断这些物品是否让自己感动，是否实用，是否材质上乘，之后还要考虑在色彩和风格上是否和现有的选物标准一致，最后的生活和空间就将是简单的，易于新陈代谢的顺畅系统。而在生活空间里最重要的人，也将有更多的时间和精力直面自己、丰富内在。在简化外界干扰之后，独特灵魂的魅力也会显现出来。

如何确立自己喜爱的风格和选物标准呢？同样也是一个试错的过程，不过我们可以根据别人的错误和模板，来清晰自己的选择。根据下面的问题清单，试着慢慢找出答案吧。

找到喜爱风格和选物准则的
清单：

*喜欢去的空间（咖啡店／酒店／
 他人的家）

*喜欢的人的打扮

*喜欢的空间色彩和风格是什么
 样的

*喜欢的材质是什么

*借鉴书籍和网络里喜欢的空间和
 打扮

*学习色彩搭配的原理

*学习不同美学风格的形成和特点

*确定自己不喜欢什么

*选择物品的时候保持和视觉一致（色彩／风格／材质）

*选择的物品是否可以长久喜爱

*明确生活用品和衣橱的基本款

比如一个我自己的衣橱基本款。

衣橱清单一例：

★裁剪合身质地结实的白衬衫

★柔软舒适的棕色薄羊绒毛衣

★肩部合适剪裁细致的深蓝色西装外套

★长至膝盖的米色风衣

★墨绿色格子毛呢外套

★米色阔腿裤

★卡其色古着军裤

★简约耐穿的黑色和棕色马靴

★黑色和棕色基本款托特包

　　虽然每个人的选择都千差万别，但类似这样的基本款都是简约实用、舒适耐穿的，是即使破损也会继续购入同品牌同款的那些衣服。基本生活用品也是这样，不妨选择在每一个类别里最具知名度的老品牌，这些物品持久耐用，可以陪伴我们成长。即使单价较高，但因为可以长久喜爱，实际上是节约了选择的时间和使用成本。

如何用美物创造生活中的美

比起大的环境空间，在一方茶席或餐桌上创造美，是成年人容易实现的美学。所以我建议大家，生活中想要逐渐地提升自己对美的把握，可以先从茶席、餐桌这样的小空间开始练习和实践。

以茶席为例，大致道具包括茶、茶壶或盖碗、茶杯、公道杯、建水、茶则、茶针、茶席布、茶花。可能还有茶针托和盖置这样的小物品。

器物的组合，考验着我们从器物的形态、材质、纹理、色彩，以及组合起来的空间布局等诸多方面的选择。单个器物的选择要遵循前面提到的选择美物的"四原则"，那么空间的造美上，我们不妨依据以下三个准则，来尝试搭配出一个能给你带来幸福感的小空间。

这三个准则是：1. 尊重第一件物品的选择；2. 尽量不选整套的器物；3. 用色彩表达季节。

尊重第一件物品的选择

第一件物品的选择代表了我们最想表达的想法，紧紧抓住让自己心动的物品，并在整个布置的过程里不断完善整个茶席。在这个过程里我们常常犯两个错误，一是被环境和条件影响忘记了最初的选择，比如开始喜欢的是一只茶壶，可是在布置的过程里看到了茶席布很美，于是忘记了以茶壶为中心的布置，而开始将重心偏向茶席布，所以整个茶席的主题不明确，也自然不会流畅和谐。二是因为条件、时间和精力的限制，使得我们在完成布置之前自己就妥协了，导致完成度不高，也不满意。总是这样不完整不尽力地对待生活，也渐渐会给自己完不成最好的作品、不值得过最好生活的暗示。

尽量不选整套的器物

出于生活之便，以及促进购买的目的，很多商家会在产品设计时，便替大家进行器物的标准化搭配和设计，从而推出成套的商品。像我们常常接触到的成套的茶器，茶壶、茶杯等印有同样的花色，具有同样的光泽等。但如果你有条件，想要呈现出更好的美感，尽量不要挑选成套的器物，这样你会在材质、器形，以及色彩、纹理等多个方面，都更用心地相互呼应，能展示出更多细节，以及更富有视觉焦点的呈现，而不会受到成套器物带来的元素限制。另外，不同的组合，也更容易碰撞出意想不到的风格。这也是很多生活美学大师倾心于器物一件一件挑选的原因，每一件物品，都符合"让我心动"的选择原则。

用色彩表达季节

在我们生存的世界里，有空间和时间两个大的维度。通常我们在一个特定的空间布置茶席，那另一个维度时间，也就是季节感，就将是生活美学的一个重要表现内容。不同的配色表达了不同的季节感。比如春天的清新、夏天的灼热、秋天的斑驳、冬天的静穆。

说到春季，我们想到的是菜花的嫩黄、新芽的浅绿、桃花的淡粉、玉兰的象牙白。

所以春季色彩以淡淡的黄色为基调，配色明亮而柔和。如果选了一个象牙白色夏布的茶席，可以搭配一个青瓷盖碗，乳白色的小茶杯，青瓷花瓶里插一枝白色的山茶花。

夏季，我们可以想到杜若的粉紫、薄荷的青绿、萱草的橙黄、海水的湛蓝。

夏季的色彩在配色上避免大的反差，以蓝紫色为基调，用同一颜色的浓淡或相近色做浓淡渐变的搭配。如果选择了一个霁蓝釉的盖碗，可以搭配一个浅蓝的茶席布，白色茶杯，白瓷花瓶里面可以插一小枝蓝色飞燕草。

　　秋季我们会看到柿子的橘红，栗子的棕褐，龙胆的深紫，青苔的墨绿。

　　色彩基调是暖色系的沉稳色调，搭配上也不是强烈的对比色，而是以灰度较高明度较低的橙色为基础，用相同或相临色的浓淡来搭配。例如选了一个红褐色的紫砂壶，可以搭配一个柿染的棕色茶席，之后用墨绿色的茶杯点缀一下席面。

　　在冬季里我们会想到大雪的银白，枯树的青灰，夜幕的乌黑，还有新年鲜艳纯正的红绿。

冬季色彩的基调是无色的黑白灰，因此可以与纯正冷艳的冰蓝冰粉搭配也不会有视觉上的混乱，假如用一个黑色的茶席布，席面上既可以用红色茶器配绿色松枝这样对比鲜明的颜色体现新年的热闹，也可以用白色和银灰色这样明度对比强烈的茶器体现冬天的凛然气氛。

像这样，实际上生活里有很多事情可以供我们疼爱自己。喝一杯酒，做一顿好吃的，布置一个好看的餐桌。在日复一日以手抵心的实践里，每个人都能找到让自己着迷的玩具吧。

第十二章

突破"幸福力"的天花板，你值得更好的人生

——打破限制，获得疗愈

想象一下你正开着一辆公共汽车行驶在平静如水的生活轨迹上，这时候有几个小混混上来冲你喊叫，此刻你是带着其他乘客继续前行，还是每遇到不喜欢的人都要刹车停驶理论一番？如果车窗外下起暴雨也要停下来吗，如果前路险峻就放弃开车吗？

　　回想一下人生经历，你有没有遭遇怠慢的服务，就觉得对方在轻视自己的时候；有没有提交的方案还没有结果，就自作主张地胡思乱想的时候；有没有明明可以接受更大的挑战，却没有勇气迈出那一步的时候。我有，几乎每天都会遇到大大小小的焦虑、阻碍、缺乏勇气的体验。邻居的噪音会令自己心烦意乱，见陌生人之前会紧张，遭遇创作瓶颈的时候会自我怀疑。可能很多人也和我一样因为这些不停涌出来的情绪感到困扰，并且渐渐开始相信都是自己力量不够，因为这些根本还没有发生的事，而条件反射地否定自己吧。如果总是遇到干扰就纠缠不止，事情还没开始就失去勇气，不知道人生这辆车什么时候才能开到下一站。

不仅如此，我们遇到问题的时候自然想到向朋友倾诉，却可能会听到鸡汤式的鼓励："你要学会控制情绪，你应该保持好心态，你可要振作起来呀！"回想一下这些情景，这让我们感觉好受些吗？不！这样的鼓励无疑等同于雪上加霜。我们不但解决不了目前遇到的困难，而且还无法切换到好的心态，让我们进一步认为自己无能为力，对自己的可能性更怀疑，心情感觉更糟糕。不但没有继续开车的勇气，可能连开车的能力都失去了。

怎么能打破这些限制，回归心灵的平静，安心走完该走的路呢？后面会介绍一种正念练习路径，帮助大脑和身体合二为一。开车的时候专心开车，不管上来的是安静的学生还是吵闹的少年，开好车才是职业精神；下雨的话欣赏车窗外的雨景；路不平就体验游戏通关的乐趣。在冲破这些阻碍之后，我们可以自然而然地找到人生真正想要的选择，回归原始的使命，并相信这个选择。

疗愈的核心是无条件接受一切

在介绍这个方法之前，让我们先认识一下"不评判，无条件接受一切"为什么是疗愈的核心。创立了正念减压疗法的心理学家乔·卡巴金认为："当我们用正念练习让自己回到当下，意识到情绪和痛苦，允许一切如其所是，穿越一切大脑的机械性限制的时候，通向未来的召唤会自然而来。"

如果我没有认识一个做疗愈师的朋友，如果不是这样一个活生生的、看似普通的年轻女性就在眼前，我不会那么顺利地理解和相信什么叫"投入当下"，什么叫"不评判对错"，什么叫"毫无目的性"，什么叫"最好的未来会自然而来"。

2011年的时候我认识了一个疗愈师，在没有了解她疗愈方法之前就感觉到，她比我曾经见到和听说到的任何人都澄明通透、慈悲善良，安定地散发着愉快平静的气息。她对朋友们几乎没有分别心，不担忧、不焦虑，也完全不功利，更别提平常人性中常见的抱怨、责怪和怀疑了。这种修为并不是宗教的影响，不是因为她天生好运可以衣食无忧地从事自己喜欢的事，她也并没有比别人更幸福的童年。相反她童年叛逆，年轻时脾气极端火爆，当时和先生一起开的咖啡馆仅仅够生活开销，还总是遇到房东和顾客来找麻烦，但是她始终不慌不忙地将困难当做人生功课，温和地滋养着自己和周围的人。不过即使这样，她也会在移居到日本小岛生活，孩子常受到小伙伴排挤的时候，感到难过和担忧。当时她八岁的大儿子在受到校园冷暴力之后反过来安慰妈妈说："这不是我的错，也不是他们的错，他们还没有聪明到清楚自己在做什么，妈妈也没有因为他们不喜欢我而减少对我的爱，所以我不觉得别人对我不好我就变得差劲儿，别再为我担心了。"

　　对于理想生活，她认为最好的未来不是地位、名声、金钱，而是按照自己想要的方式生活，一切都会随之而来。如今她在小岛上一边做疗愈师一边开了一间杂货店和一家人气餐厅，忙里偷闲参加岛上的舞蹈队兼组织社区活动，孩子们早已适应新环境，在自然环绕的环境里无拘无束地成长，他们为越来越接近理想生活而开心和感恩。并不是说这种生活方式才应该是每个人的理想，我们可以想要衣食无忧儿孙绕膝的生活，可以选择功成名就史上留名作为志向，这里介绍的只是方法，是通过疗愈打破限制，突破幸福力的天花板，既能化解痛苦，也能把握当下和未来的幸福。

她的疗愈方法，就是完全尊重和爱自己当下的状态，接受一切，未来的召唤会自然而来。这和我们之前提到的卡巴金的正念减压疗法如出一辙。这种方法源自正念，意味着以一种特殊的方式集中注意力：有意识地、不予评判地关注当下。这种专注使我们对当下的现实更自觉、更清明、更接纳。它使我们清醒地认识到一个事实：我们的生命只在一个又一个当下中展开。之前的文字里我们主要介绍了这种方法在专注力方面的作用，这里专门介绍一下正念的疗愈效果，并在疗愈之后如何突破自我限制。

为什么秉持接受一切的状态会有疗愈效果呢？正念认知疗法的三位心理学家马克·威廉斯、约翰·蒂斯岱和辛德·西格尔在研究中发现，人的普遍心智工作模式是行动，人类长期处在需要改变外部世界的历史中，这种模式已经成为一种自动导航模式。比如战胜一只老虎、建造一座房子，我们的反应模式都是行动，doing的。但是当这些问题变成了心理的、内部世界的问题，比如悲伤、没有幸福感的时候，情况会怎么样呢？行动模式加倍驱赶这些情绪，而我们会因为无法找到答案而加倍沮丧。还记得本章开头那个试图劝说我们的朋友吗？其实我们心里都住着那样一个朋友，使自己的痛苦加倍。

那我们该怎么办？试着用下面三个步骤培养存在模式。

1. 清晰地感受和辨认出行动模式的真面目。

2. 了解另一种心智模式，那就是存在模式，being的模式。

3. 正念练习，正是培养being模式的有效方式。

Being模式和Doing模式最大的区别就是，把胡思乱想的思绪放在一边，放心地让身体和心带领我们向前。当我们真正以开放的方式来关注身体，不受制于不那么高明的大脑，不为他人看法和偏见左右，摆脱个人的臆断、否定甚至期望的时候，绑在心上的枷锁才会打开，新的希望才会出现，我们才会有机会将自己从蒙昧的桎梏中解放出来。

让我们用下面的表格里日常常见的七种思维场景，比较一下行动模式doing和存在模式being，以及之后介绍的正念练习会带来的效果。

	行动模式doing	存在模式being	正念练习的作用
1. 自动导航VS有意识有选择	行动模式是自动导航模式，它严格聚焦于目标，让我们总是处于进行中而错失生命中很多可以更闲适和享受的状态。比如别人学英语自己也要学，别人旅行自己也想去，永远追逐，却不知道自己也跟风行动到底是为了什么。	存在模式是有意识而非自动化的，这意味着我们可以尊重自己的心来选择下一步做什么。它可以带我们觉知，带领我们从遥远的目标回到此刻。比如学英语不是因为怕掉队的焦虑，而是因为喜欢了解不同文化，这样就可以主动用喜欢的方式学习。通过去国外旅行、读文化类的英语书籍的方式学习，也就更容易达到专注的心流状态。	正念练习让我们不带评判地觉察，温和地让我们从自动导航模式中清醒过来。这个找回自己的练习，帮助我们清理不必要的目标，不因为和别人或者自己心目中的差距而学习，而是因为发自内心的喜欢。

	行动模式doing	存在模式being	正念练习的作用
2. 思维加工VS 直接感知	行动模式迫使我们不停思考。我们会误认为思考的世界是真实的世界，我们习惯于间接而不是直接的和世界建立联系。总是想着我今天还没有背完单词，而没有注意到晚饭那么好吃。	我们可以减少思维加工，直接感知和体验生活，通过五感品位它丰富多变的滋味。	我们可以用自身体验的各个方面使用正念，更细腻地感知生命和生活。复杂的身体远远比头脑更聪明，比如有时候身体已经觉得潮湿，感到要下雨，而天气预报却还不一定比身体的感知更准确。
3. 沉浸于过去未来VS全然处于当下时刻	行动模式让心智带着我们驶向未来，去体验那些从未发生的威胁和危险带来的恐惧，或回溯过去，体验过去的丧失和失败带来的痛苦。	心智在当时当下聚焦，全然临在（有觉察力地安住于当下）和参与宇宙所提供的事物当中。我们也可以思考未来和回忆过去，但只是当成当下的一部分来检视，而不是卷入头脑胡思乱想的世界中无法自拔。	经由安住于此时此刻此地的模式体验生命，而不是迷失在心智的时光旅行中。正念练习让我们更容易拉回到此时的感受当中。

	行动模式doing	存在模式being	正念练习的作用
4．回避逃离或去除痛苦VS有意愿地接近痛苦	行动模式对痛苦的最直接反应是回避它或消灭它。这种规避反应，是我们循环往复陷入不愉快情绪的思维模式的根本。	怀着意愿和尊重接近所有体验，不设定目标，对所有经历保持自然的兴趣和好奇，无论是开心的，痛苦的还是其他。我们可以从身体的感觉上认识到，我们正在痛苦，但是可以把认为自己很差的想法分开。	清晰地看到对痛苦被动反应的细节，比如身体僵硬、胃部抽搐。我们由此可以有意识地选择主动回应的模式，学习有压力的时候我们可以从对比中抽离出来，主动选择用喜欢的方式学习。
5．想要改变VS允许事物如其所是	想要将事物变成我们认为应该的样子，关注和目标之间的差距，于是总认为自己还不够好，进而转化为自我批评，我们对自己基本上是缺乏善意的。	对待自己的态度是"允许"。允许所有体验如其所是，允许自己对所有体验感到满意，即使这个体验是痛苦的。对自己的基本态度应该是无条件的善意和友好的，不论经历了多大的失败，做了多么愚蠢的事。	通过正念练习，我们对自身的体验怀着温暖的宽容和慈悲。不但没有因为和别人的差距而强迫自己行动，就连差距本身也不再是我们关注的重点了，而是会转向我自己真正想做什么。

	行动模式doing	存在模式being	正念练习的作用
6. 认为想法是真实的VS将想法作为心理事件	想法不等同于事实本身，比如受到怠慢不等同于自己不值得被好好对待。如果总是将思想观念看作现实，那"是我不够好"的想法会真正让自己觉得什么都做不好。	将想法看作生活的一部分，就如同我们会感觉到声音、情绪、色彩一样。通过这种转变我们就剥夺了想法干扰和控制我们行为的力量，就可以体验到自由轻松的美妙感觉。	正念练习可以让我们用想法本来的面目看待它们，将想法和事实分离开来，知道这些只是心智中的事件，而不是和"我本身不好"或者"我做不到"联系起来。
7. 注重达成目标VS了解更广阔的需求	专注于达成某一个目标使我们的视野变得狭隘，而排除了其他的我们自己的健康和生活中的幸福。我们内在资源逐渐耗竭，感到疲惫、萎靡、精疲力尽。假设我们仅仅将走到几百公里之外的灯塔做为唯一目标，那一路上的鸟语花香都会被忽略，还可能会在路上耗尽心力和能量。	我们保持了对更广阔图景的敏感，怀着仁慈同情的心去关心自己和他人的幸福。我们看重的是当下时刻的质量，而不是仅仅专注于遥远的想象中的目标，苦苦追寻而不得。	正念练习帮助我们培育滋养自己的能力，而不是不顾一切追逐目标，耗尽自己。专注和喜欢当下，因此在吃饭、走路的时候都能滋养自己。

选择相信自己有更多可能

无条件接受一切之后，当下的焦虑会渐渐消失，天花板也会渐渐打破，未来会自然而来。而这个未来会以更好的方式展开，这个方式就是让自己拥有选择的权利，选择相信自己有更多可能。

我几天前坐飞机的时候扭到了肋骨，骨折的恐惧笼罩着我，当时觉得疼痛愈发剧烈，影响到了日常生活，当第二天CT结果显示肋骨没有任何问题的时候，疼痛感瞬间减轻了，做正常的动作也没有任何问题了。这就是相信的力量带来的疼痛感觉变化吧。

心理学家已经通过许多实验证明，相信的力量能给我们带来实际的成果。德国科隆大学做过一项实验，研究人员找来一些业余选手打高尔夫球，把他们分为两组，在把球交给其中一组时告诉他们："拿好你的球，它已经被证明能带给人幸运。"另外一组却得不到这样的鼓励。两组球手随即走进球场开始比赛。之后发生了什么？跟得到"普通球"的人相比，用"幸运球"的人命中率更高，整体而言高出了35%。除了身体运动之外，其余的方面比如记忆能力也出现了相同的结果。研究表明，相信的力量的确能让人有更出色的表现。

但现实中几乎没有人给我们幸运球，相反我们在自己的人生历程中总会遇到很多事件给我们束缚性观念。比如很多人找不到合适的伴侣，可能因为他们的束缚性观念是"没有得到长辈的认可"，总是认为"我长得不好看""我喜欢的那个人不可能看中我""我不值得那么美好的婚姻"。这样的观念阻碍他相信自己值得更好的伴侣。又比如没有勇气面对陌生人，可能是童年或者人生阶段的某一个事件，或者仅仅用某一个事件当作没有勇气迈出一步的借口。

我记得四五岁的时候被爸爸吩咐去五金商店买螺丝，因为是第一次独自去五金店买东西，我站在高高的柜台前面就是鼓不起勇气说话，等了好久，好心的售货员终于忙完主动询问我。这段回忆也

许不是我面对陌生人感到局促的原因，但这个事件在我的脑海里挥之不去，时常翻出来，一直作为我没勇气主动联络他人的借口。

现实中既没有人给我们幸运球，也没有人知道我们内心真正的伤痛。那怎么能帮自己在内心里找到幸运球呢？阻碍我们找到幸运球的天花板在哪里，又如何突破这个天花板呢？下面就来介绍一下找到屏障，突破天花板，给自己一个幸运球的方法。

简单但并不容易的正念疗愈步骤

接下来这部分是正念疗愈的步骤，它将障碍化为成长的契机，借此机会冲破天花板，在有序、有效的基础上，获得美好的人生。我问过那个朋友成为疗愈师的契机，她说孩子小的时候自己脾气特别暴躁，有一次当儿子哭闹的时候她顺手拿起一个花瓶扔向小孩，那个瞬间她被自己的行为吓坏了，自此跟随也是疗愈师的母亲学习，也因此和曾经反叛过的母亲和解。

那么，我们要怎样做才能按下自动驾驶的按钮，让它一键式疗愈每天都会存在的阻碍，并将这些瓶颈和阻碍，一次次转化为获得美好人生的契机？

试着按照下面的五个步骤，用画一棵树的方法，沿着表象探究原因，最后找到那个相信自己的力量。这个方法虽然看起来十分简单，但却未必容易。那些阻止了觉醒的惯性，即不知觉和机械性的思考，是非常强大的。它们力道强劲，而且已经通过生物几百万年的进化藏在潜意识里，不为我们所觉察，所以需要付出时间刻苦练习。

　　这五个步骤是：

　　1. 树叶（症状），2. 树枝（情绪），3. 树干（事件），4. 树根（束缚性信念），5. 获得营养（新鲜的生长能量）。

　　在这五步之前，先让我们用一个简单的工具，熟悉自己的身体感觉。重复简单的"身体扫描"，把它变成一个日常的练习。

身体扫描：

让自己舒服地躺在或坐在温暖、不受干扰的地方，双手自然放在身体两侧。

开始关注呼吸和身体的感觉，身体与地板或床铺接触的感觉。每次呼气时，允许自己放松。

不需要设定练习的目的，它可能会有放松的效果，也可能没有。

感受一下吸气、呼气时腹部的膨胀和收缩。

将注意力移到脚趾、脚背、脚踝，感觉或想象一下气息从肺部进入，到达这个部位，呼气时让气息原路返回，并放松该部位。

继续将温柔而好奇的觉察聚焦到身体其他部位，小腿、膝盖、大腿、臀部，从臀部沿着脊柱上移一直到大脑，跟着呼吸放松这些部位，接着手、手臂、肩膀、脖子、面部。

对于身体的每一个部位，带着清晰的觉察和轻柔的好奇，感觉这些部位，在吸气时从肺部吸入到这个部位，而在呼气时离开。

几乎不可避免，我们的思想会不停地溜走，这很正常，不要责怪自己，觉察这些游离，轻柔地辨识它们，感觉一下它们去了哪里，再温柔地把注意力带回到身体部位上。

这样扫描之后，再把呼吸带到整个身体，看着呼吸怎样自由地进出我们的身体。当然你也可以在其他书籍和app里找到自己喜欢的身体扫描方法。

这就是身体扫描的练习，这个练习会用到下面的步骤当中，即便平时，我们也可以把身体扫描，作为回归当下的一个最有效和基本的方法。

好了，下面先让我们一步步理解五个步骤，最后用这个路径汇总成一个简单的五分钟疗愈。

1. 树叶（症状）

当人们感受到痛苦之后，会把痛苦的感受本身和抗拒痛苦的规避反应当成一件事。实际上我们可以把两者分开，这些抗拒反应会通过身体表现出来。身体反应的典型模式，通常是想推开的感觉，比如紧缩感、抵抗感、压迫感、紧绷或者僵硬的感觉。有些人会有面部或者前额的紧缩感，而我感到肩膀的紧绷和对抗，还有些人有胃部或者胸部的紧张感，或者双手紧握等等。

让我们用聚焦的方法慢慢探索身体对情绪的反应模式，觉察到以后，看看是否可以用开放注意的方法，将注意力回归到呼吸和对整个身体的感觉上，并用呼吸和身体的知觉作为锚，来稳定自己的注意力。带着温和、兴趣、正念的觉察去探索，本身就有疗愈作用，就像一个母亲，对啼哭婴儿无条件的拥抱和爱抚一样。我们还会发现我们能够顺畅地呼吸，高兴地发现身体的其他部分是完好的，并非整个身体都出现了问题。

这一步的重点是：觉知身体对情绪的反应，不否定、不逃避。

2. 树枝（情绪）

情绪就是当有人问你怎么了，你将要回答或不愿回答的问题。如果这些情绪积累却无处疏解，即使最近没有任何问题，情绪也会堆积成为痛苦或抑郁的常态。

如果我们生命中曾经深切地忧伤过，那么不论这些忧伤过去多久，改变这一切都非常难。在前面曾讲过自动导航的行动模式，对不愉快的感受都有希望去除或离开它们的规避反应，打或者逃。而我们已经知道，规避反应只能让痛苦加倍。

这一步就是觉知情绪，用将注意力转移到呼吸的方式，将思想从自动导航中超越出来。关注身体对情绪的反应，将呼吸聚焦到这些身体部位，而不是让自己深锁在迷失的头脑和思维带来的恶性循环中。

这一步的重点是：觉知到情绪。只是觉知，但不作评判。

3. 树干（事件）

刚刚讲了不加评判地觉知身体的反应，意识到情绪本身，下面就是第三步，找到造成这些情绪的源头，它可能是近期发生的一件事，可能是基因上的原因，可能是成长环境造成的，或者是童年的一段经历，一个人不经意对自己说的一句话。不管这些事件是不是真的造成了痛苦，至少它们是我们自认为痛苦的借口。

今年夏天在东京和一个老朋友见面，她明明甜点已经做到比大部分咖啡店都好吃了，可总是不自信；明明家里收拾得比家居店还整洁，却总是担心先生是不是会挑毛病。她问怎么才能更相信自己，她和我一起回顾了童年不愉快的经历，说着说着就哭了。童年里她总是被父亲责备和轻视，被拿来和优秀的弟弟做比较，这种情况一直持续到长大成人。每遇到挑战，她就会本能地认为自己不会被别人认可。我跟她分享了正念练习的方法和书籍。最近看到她在网络空间上发布了很多好看的甜点照片，学习茶道和料理，看起来越来越自信了。

首先，在这一步里，我们需要怀着开放和接纳的态度接受过往的经历，有意识地培养用更柔和的态度来对待任何不适的体验。

其次，仔细观察，我们会把痛苦感受本身和想要把这种体验"推开"的感觉区分开来。我们会觉察到紧张、收缩、抵抗等和"不情愿"相连的身体反应。找出你的特定模式。快速扫描身体，聚焦在身体僵硬或紧张的部位上面。吸气，觉察这个部位，呼气，同时放松、敞开。

这一步的重点是：找到那个可能给自己限制的事件，温柔地接近它们，不再自动规避，把它们只当作事件本身，而不再把这些经历当作现实，或者自己什么都做不好的借口。

4. 树根（束缚性信念）

在上面的内容里，我们觉察到了树叶：身体症状；树枝：情绪；树干：造成痛苦对应的事件。接下来是觉察我们的心智是怎么把这些情绪和对自己的否定连接起来的。

比如，被否定的童年，导致我们认为自己差劲、没用、不值得更好的人生。失恋的经历，导致总是没有安全感、认为不配得到好的爱情、不相信自己值得被爱。

先不加评判地觉知这些事件自动推导出的自我否定的思考路径。试着把事件和自我否定区别开来。识别这些想法，把它们只当作想法，可以想象把这些想法投射在屏幕上，怀着慈悲的心邀请它们尽情表演，如果消失了，就自然而然放开它们。

不管有没有自然消失，下一步是把这些想法落入身体，探索这些想法带来的身体感受。再次将呼吸锚定在身体上，吸气，将空气带入身体的疼痛或僵硬的部位，呼气，放松这个部位。

这一步的重点是：觉察到情绪、事件和心智自我否定的区别，不评判也不逃避的接受这些想法，并将这些想法落入身体感觉，放松身体。

5. 获得营养（新鲜的生长能量）

让我们不去克服和规避束缚性信念，这时候思想会带着我们自由想象，它们可能是痛苦的，也可能是美好的。让我们选择留住那些美好的信念，并在这个信念出现时选择相信自己值得这样的美好。把生活中的我应该，变成我选择，把觉得我应该不行，变成相信我能行。

当我们看穿并超越那些情绪的漩涡和限制的天花板，我们将有无尽的机会，来意识到自己时时刻刻都有选择权，决定如何与未来建立联系。

我的疗愈师朋友，当年因为不满两个孩子接受的填鸭式教育，而选择带着孩子们去偏远但自由的小岛上生活。这个选择正是她疗愈了情绪之后头脑里自然出现的念头，当这个念头出现的时候，她选择相信自己有能力过那样的生活。一年之后这个信念带领她过上了自己想要的生活。

前面已经阐述了相信的力量，现在将注意力从呼吸再次投向那个心理的屏幕，这一次可以选择一个相信自己的模式。任由念头把我们带入美好的画面，尽情地描绘这些画面。相信自己能胜任喜欢的工作，相信自己值得被爱，相信自己值得最好的人生。这不是说我们只是生活在幻想里，或是把想象当成目的，而是用相信的力量获得疗愈和行动的契机。

再次回到呼吸上，吸气，让空气穿过身体到达各个部位，呼气，放松全身。

这一步的重点是：选择相信自己有一切可能，不管有多好；也不评判一切结果，不管它看起来有多糟。

五分钟疗愈：

准备：

选择一个舒服的姿势，坐或躺，条件允许的话可以闭上眼睛。先呼吸，感受腹部膨胀和收缩的感觉。

1：觉察

将觉察转向内在的体验，问自己现在的感觉，感受现在的情绪（我很悲伤，我感到焦虑、恐惧），承认它们的存在。

将觉察延伸到导致这些情绪的事件，不管是近期的，还是从前的（他拒绝了我，小时候同学总是欺负我）。让这些事件放映在屏幕上，允许它们自由地存在或消失。

这些事件导致了哪些心理障碍？束缚性信念是什么？（我不行，都是我的错，我不值得）温柔的感受它们，向它敞开，接受它们。

探索这些情绪和想法对身体的反应，我现在身体的感觉有哪些？扫描身体，找出身体僵硬或者紧张的部位。

2：聚焦

将注意力指向那些让自己感觉紧张的部位，吸气时将新鲜空气带入，呼气时放松这些部位。当我们分心了，温柔地将思想带回当下的呼吸。

3：扩展

将意识转向另一个选择相信的画面，我可以胜任，我值得好的评价，我值得最好的人生。不管结果怎样，我也能完全接受。把呼吸从身体的局部，用身体扫描的方式扩展到整个身体，感知身体，让身体如其所是。吸气，让空气遍布全身，再呼气，放松，敞开。带着这种新鲜和开放的感觉，进入下一刻的生活。

我们可以在任何时间做这个练习。起床的时候，通勤地铁上，工作间隙，晚饭后，睡前等等，任何感觉到情绪上的问题的时候，感觉到障碍的时候。

除了给自己疗愈，当朋友或家人遇到困难向我们倾诉的时候，我们根据上面的思路，列一个应对清单。

当朋友遇到困难的疗愈清单：

★倾听

★不做任何评判

★用同理心重复对方的
　话，接纳对方的情绪

★像对待婴儿一样，
　无条件接受和爱这
　样的朋友或家人

★如果有机会可以推荐
　正念练习，从冥想开
　始，但千万不要强迫

看完了这一章内容，希望大家能将五分钟疗愈呼吸融入日常。

短短一章内容里无法写进更多方法，我们也可以阅读其他关于正念疗愈的书籍，试着从吃饭、运动、工作、家务等各个方面修习正念，然后允许自己像一朵野生的花儿一样自由欢快地生长。

第十三章

警惕"幸福"中的惰性因子，生活需要"螺旋上升"

——绘制"幸福升级"地图

胡适先生说："一个人的前程，全靠他怎样利用闲暇时间，闲暇定终生。"一个人的幸福力，全靠他是不是"好好"地度过了时光。

　　闲暇要怎样度过才算是"好好"的呢？如果想要快乐地度过这些时光，先看看我们追寻的快乐是什么样的。快乐有两种层次：一种是消遣性的快乐。比如八卦、游戏、性、喜新厌旧的迷恋。另一种快乐是认知性的。比如学习、体验在接受挑战时的愉悦感。

　　世事无常，万物都不可以倚赖，此刻的幸福在下一刻都不确定在哪里，更何况是消遣性的快乐。不但转瞬间消逝，人也被欲望控制而降低了自尊水平。快乐之后紧接着感受到的，是被欲望控制后的自卑感。比如女性出门购物或是在家网淘，一旦这件物品买回来，快乐的感觉马上就消失了，也许还会陷入对冲动购物的懊悔之中。

而认知性的快乐，越积累越增值，人因为控制了欲望，而提高了自尊水平，随之而来的是战胜了消遣性欲望的自信和幸福感。比如我们运动之后的快乐，往往比运动的过程还要多；读书之后的快乐，不会在结束后消失，反而还会增值。

刚刚提到了一个词，自尊水平。自尊水平的高低是怎么形成的呢？就是是我们控制了世界，还是世界控制了我们。心理学家证实，自尊水平的高低，决定了幸福感的高低。一项针对大学生自尊水平和幸福度的调查表明，自尊水平和幸福度呈显著正相关。越能控制自己的行为和周围环境的人，越容易感觉到幸福。也就是说，认知性的快乐才能带来持续的成长和长久的幸福，但道理都知道了却为什么做不到呢？

是什么让人无法摆脱对消遣性快乐的渴望

在想要获得高层次快乐之前，先认清楚是什么让我们对消遣性的快乐欲罢不能？一是人类进化中形成的本能欲望，也就是多巴胺神经元在作怪；二是数字化带来的影响。认识了这些，我们或许就可以摆脱对消遣性快乐的渴望，甚至把这些本能或科技作为工具，试着更轻松地获得高层次的幸福。

多巴胺神经元

先来看看多巴胺到底控制了我们什么。宋度宗赵禥，整天宴坐后宫，与妃嫔们饮酒作乐。因为没有治国的能力，把大权全部交给太师贾似道。贾似道专横跋扈，根本没把皇帝当回事，稍不如意，就以辞官相要挟，度宗唯恐他不辞而别，太师稍一不高兴，就卑躬屈膝地跪拜，流着眼泪挽留他。虽然皇帝的日子看起来很幸福，实际上是一点自尊都没有。最后赵禥因为酒色过度，死于宫中。如果有人能穿越时空问问他这一生是否幸福，无法想象他会怎样回答。

现代科学家们知道，赵禥沉溺于多巴胺神经元带来的对短暂快乐的渴望，对想要的东西的上瘾和着迷。而对多巴胺说不，是很困难的，为什么这么说呢？

多巴胺的分泌是大自然的慰藉，它保证了人们不会因为不想采集浆果而被饿死；或是因为觉得吸引潜在的伴侣很难，而减少对性的渴望，从而加速人类的灭亡。进化根本不关心我们实际上幸福与否，但是它会利用你对快乐的渴望，让我们不停地为生计奔忙，活下去、生儿育女、不停地囤积还用不到的物品。

现代人们所处的环境和原始环境很不一样。对高脂肪食物和美女着迷，上瘾地囤积用不到的物品甚至信息，在一个食物稀缺、伴侣不易得的环境里，这绝对是一个最好的本能。但是，当这些肥美的食物和性感的画面只是用来激起上瘾的消费手段，它们就多半是影响身体和心理健康的东西，而不再全都是长命百岁和延续种族的保障。本能本身并没有错，只是环境变化之后，对消遣性快乐的渴望不再是生存的必须和全部了。

更值得关注的是，多巴胺神经元的效果已经被商人们悄悄地用来控制每一个消费者。当我们饥肠辘辘闻到诱人的面包香，而脚不听使唤地走入面包店的时候，也许这家店根本没有后厨，诱惑我们的只是通过设置在路边的管道中释放的一种后厨烤面包的香气。游戏设计者有意设置不确定的奖励，激起多巴胺对索取奖励和升级的渴望，牢牢地把我们拴在电子产品面前。想一想又是什么会刺激你的多巴胺分泌呢？美食、酒精、购物，还是不停地升级打怪的探求心？

毋庸置疑，我们被周围的世界牢牢地控制住了。怎么办呢？其实多巴胺和欲望并不都是坏的，我们可以把这些追求快乐奖励的本能渴望，用在认知性快乐之中。区分"让生活有意义的真实奖励"和"让人分散精力上瘾的虚假奖励"。在意志力挑战中获胜的关键，在于学会利用原始本能，而不是反抗这些本能。

数字化带来的影响

下面来说说牢牢掌控着我们行为的数字化的影响。人们说数字化带来了数字鸿沟，人和人的差距越来越大，一部分就是人和人浪费时间的差距。这些差距从两个方面带来：一是数字化留给我们越来越多的闲暇时间，反过来这些时间又被消遣性的数字化游戏填满了；二是数字化带来的搜索知识的便利，剥夺了更多人的求知欲。

第一点是显而易见的。今天突然空出来的大量闲暇时间里，我们还没学会如何虚度时光。生物进化的速度根本追不上技术的飞跃，大脑还没来得及适应现代社会的趋利避害：无法自动抵挡根本消化不了的甜食和脂肪，也还没有进化出一种生存欲望之外的勤劳本能。因为如果已经衣食无忧了，还有什么理由不停地思考和行动呢？残酷的事实是，利用数字技术的一小部分人已经站在了鸿沟的这边，而没来得及学会控制时间的我们，被更聪明的人发明的游戏、制造的机器人打得措手不及。越来越多的人，变成了数字鸿沟另一边的人。以致很多书籍专门在讲商业要如何利用人们的上瘾，或者人们该如何对抗这种上瘾的商业。

对于第二点，知识储存在硬盘和云端上，这给我们带来了搜索的便利，大脑不再需要储存大量的信息，把它们外包给了网络。第一次大脑外包发生在语言使用之后，通过讲故事，单机大脑和别人的大脑连结起来，从个体蛮力走向了协同作战，逐渐形成了大规模社会和国家。《人类简史》一书里详细介绍了这部分内容。第二次外包给了书写和印刷，我们能轻松地读到别人的知识，知道庄子和亚里士多德都说了些什么。第三次外包是互联网的出现。互联网提高的不是记忆力，而是获得知识的速度和便捷。知识在书里也可以找到，但搜索引擎无疑提高了获得这些知识的速度。如果我想知道最新的抗癌技术是什么，搜一搜就知道了，最多使用翻译软件或付费，而不用一家一家医疗机构打听到底哪家最厉害。

互联网给生活带来了质的变化，但便捷的机器和软件也剥夺了人们的求知欲。清醒而保护自己求知欲的鸿沟这边的人坐在电脑前，会把数字和储存在云端上的知识仅仅当成工具，当他有什么不懂的时候，找到这些知识在哪里。但是鸿沟另一边的人，拿着智能手机，想着能不能好好打游戏，怎么才能更美地在朋友圈秀自己，获得知识的容易让大脑越来越懒。

之前的内容里也讲到，人都是认知吝啬鬼，以前人类是为了活命而不是求知，能不思考就不思考。但事实上通过学习拥有长期记忆的人，求知欲更强。在这样的良性循环下，求知欲的红利越来越大。如何虚度时光的差距，也加大了成就的差距，控制世界的差距，最终是幸福力的差距。

所以对于数字化带来的影响，从上面两点分析来看，已经无法逃避的事实是，存在之虚无是现代社会越来越多见的现象，而且日益严重。很多人不知道自己想做什么，自动化和人工智能不但剥夺了普通劳动者的时间，也剥夺了生存的意义。大多数人面临的生存意义，要比之前难找得多。

怎么办呢？其实我们可以利用多巴胺的渴望作为奖励，让认知性快乐更容易实现。利用对知识的好奇心，弱化数字化带来的影响。另外也用美好的梦想清单做未来的奖励，帮我们离开舒适区，心甘情愿地承受一些成长需要的痛苦，获得可持续的幸福力。

获得可持续幸福的方法

　　我自己在写这本书的过程里收获和反思了很多问题，空间和时间更有序，内心更安定，也更能掌控行动。我居然能在深夜之外的时间，或是十分嘈杂的环境里写作了，相信大家和我一样，开始了自己更有序、有效且美的生活。

　　然而消遣性快乐的诱惑，数字化带来的虚无，依旧时时刻刻环绕和干扰着我。在现代社会，保持原地踏步都难，稍不留神可能就退步了。

　　下面就从获得成长的四个阶段，来分别介绍四种方法，也就是现象、规律、心智、价值观这四个阶段和对应的四个方法。当我们认清了惰性和诱惑是怎么来的，那第一阶段就是看清这个时代有什么现象，如何更巧妙地接招；第二阶段是通过学习掌握时代的规律，并学会轻松化解学习知识必然带来的压力和痛苦，从外部获得更多的价值；第三阶段将这些外在价值内化到心智模式，也就是将这些知识形成不假思索条件反射的习惯，提升内在价值；第四阶段是在学习和对未来的描绘中形成自己的价值观，用清单不断认清和跃升到更高层次的幸福。

和资讯保持联系和距离

先从这个时代的现象上来说，尽管我们认为此刻已经掌握了拥有幸福的能力，但时间是无法掉头的单行线，发展的速度总是超出想象。我们必然要和资讯维系着联系，但像上面说的那样，为了对抗诱惑必须要保持距离。

在没有网络的时代，资讯是通过电视、报纸、杂志和书籍获得的。这些媒体因为管理和筛选制度的完善，信息的质量和真实度相对较高。朋友开玩笑说，那时候的八卦都比现在的娱乐新闻说得认真啊！因为就算是花边新闻也要花钱印刷占版面呢。现在个人社交平台的普及，几乎已经没有了甄选信息的概念，我们整天在关心着的是哪个朋友或明星最近在做什么，闲的时候甚至试图从字里行间蛛丝马迹中寻找一些八卦的痕迹。获得转发量最多的信息往往是爆款标题党，如果统计一下标题获得的眼球数量，大都也和刚刚说过的，和人们的消遣性欲望有关：冲突、猎奇、热点和八卦。

如何巧妙地筛选信息呢？就是迟钝地对待眼花缭乱的热点，等等再看，或是迟一点再做反应。这个时间差就可以帮我们做更理性的判断。如果我们做的是媒体平台，虽然追热点能获得更多流量和点击率，但吸引的也永远是相对浅薄的受众，不如冷静下来做有深度的内容。吸引十万个只是凑热闹的粉丝，不如吸引一千个理性思考的人。

对于如何保持距离，屏蔽铺天盖地的廉价资讯，我记得第十章里讲了，顺应你的生活习惯，让好习惯的成本变低，坏习惯的成本变高。比如用指定位置的方法，把手机放在离生活场景较远的地方；比如用整理流程法，在工作的时候定时关掉社交软件，都比强忍着不刷朋友圈要容易得多。我们还可以想出很多方法，挑选适合自己的，并执行下来就可以了。

持续的学习

为了掌握时代规律、持续成长，必然要深入地学习，从外部获得更多价值。当我们习惯用知识来救赎的时候，就能得到持续的幸福能力。

为了保持学习热情，利用一下好奇心，先从感兴趣的事情学起，不妨让自己也斜杠一下。现代社会需要的是十字型人才，既有广博的知识，又有某项专业的深度，还有敢于创新的勇气。像我们熟悉的达·芬奇、米开朗基罗，都属于这种通用的专才。

我们不但要自我学习，还需要联机学习。所谓联机学习，就是找书，找电脑，和找高手交流。刚刚一直在说数字化的问题，实际上数字化带来的进步也是飞跃性的。利用便捷的搜索，我们能快速找到知识在哪里，而不用把所有的知识都学会。毕竟人工智能时代最需要的能力是持续的创造力、想象力、整合能力和情感表达。当然读书也是联机学习的方法之一，这比通过网络得到的碎片化知识更系统，更容易排除干扰停下来深度思考。我常常去附近的书店，有时候关上手机一两个小时，如果还不能专心学习，也会用多巴胺渴望的奖励，约定学习之后犒赏一下自己，比如买一个好闻的香氛蜡烛，舒舒服服地泡一下温泉。读书过程的思考和成长的快乐是无比美妙的，至少能让自己高兴好几天。

　　联机学习的另一种方式是和高手过招。为什么要和高手过招呢？这就像接受一次学习之后的检验和考试。科学家们做了一个实验，给八年级学生做测验，每个学生测验内容的一部分需要考试计入成绩，另一部分内容不算考试只计学分。结果考试的内容平均成绩A-，不考试的C+。这个实验说明，学习越轻松，效果越不好，需要痛苦的努力和拥有考试压力的内容效果就好。所以越是有压力、有挑战的事情，越能得到更多的成长。当然成年人总是想逃避不必要的压力，也不可能在学习之后给自己做测验。和高手过招其实就是一种相对轻松的考试，用交流的形式让接受挑战的压力得到缓解，被高手碾压之后快感大概要多过游戏通关很多倍吧。

在生活中创造美

了解了知识的规律，就到了把知识迁移到身体的时候了，也就是说从外部知识的模式，切换到内部心智的模式。心智模式是指，知识已经变成身体自动自发的模式，能自如应用到生活里来，并能举一反三地创造。

那么为什么要在生活中训练创造美呢？因为大多数人都不会遇到非常紧急的情况，但心智模式的成长原理是一样的。生活，最是人人唾手可得却最被忽略的部分，追求美也是天性之一，天人合一的境界，是最美好的境界。孔子认为，一个人应该追求的最高精神境界，是一种人与人融合，人与自然融合的境界，这正是一种审美的境界。

在第九章讲到训练五感，帮助我们形成感知幸福的体质，通过生活中的创造，刻意练习这些美好的感官体验，就是获得持续幸福力的捷径。但美的创造真的都只是美好吗？米开朗基罗曾经对赞赏他作品的人说："如果让人知道我为此耗费了多少精力，就没有那么美妙了。"尽管是日常生活之美，也需要像大师们学习，只有经过长期的刻意练习，才能持续成长。

我之前做过一次幸福清单征集，在大家发来的清单中发现有很多人说做一餐饭会带来快乐，还有人说装扮居室、练习瑜伽会带来幸福感，其实这就是生活中的创造。找到自己喜欢的生活美，刻意练习这些技能和感官，深入学习美食技法、品鉴知识、美学原理，我想很多人都能在某一个瞬间体会全情忘我、身心合一的感觉吧。

描绘"高层次"幸福地图，建立下一阶段的幸福目标

人对意义的追求往往会导致内心的紧张而非平衡，不过，这种紧张恰恰是精神健康的必要前提。精神健康有赖于一定程度的紧张，即已完成的和有待完成的任务之间的紧张，或者是当下状态与理想状态之间的差距。人实际需要的不是没有紧张的状态，而是为追求某个自由选择的、有价值的目标而付出的努力。

曾受过弗洛伊德精神分析培训的英国日记作家玛丽恩·米尔纳，七年时间里持续用清单的形式写下了让自己感觉幸福的事以及期望和梦想。她用这种方式找到了自己独有的幸福，和到达幸福的方法。

想要获得幸福，就要感知幸福，用创造美来实践幸福，并把梦想作为未来幸福的灯塔。

清单，就是把自己和持续的幸福之间，用这种书面契约的形式连结在一起。回看这些清单，通过学习深度思考对自己来说幸福的含义，用这些更深更高远的美好作为奖励，控制自己低层次的欲望。

如果我们讨厌自己，总认为自己不行、不幸，那心也没有更充盈的空间好好爱别人。为了更爱自己，让我们常常回顾之前的幸福瞬间清单吧。这些清单能把我们拖出无力感的泥沼，把自己不停丢失的心拉回来，慢慢找到方向。

想象一下自己生命的最后一天，会写下什么样的人生幸福清单呢？看着这些清单，也许就能发现人生中什么才是重要的——亲密的家人，志同道合的友人，对别人人生的贡献，一生真实而正直地活过。

　　曾被关押在奥斯威辛集中营，后来幸存下来的心理学家维克多·弗兰克尔，就是在集中营中找到了完成心理学著作的人生意义，支撑他克服巨大的恐惧和困难。最后生存下来的原因，是他找到了人生的意义。他相信尼采的一句话："知道为什么而活的人，便能生存。"

　　下面试着写一写自己的幸福目标清单吧。

幸福目标清单：

★人生小目标（想看的艺术品，想见的人）

★想要深度钻研的技艺（陶艺，写作，科学，绘画等等）

★知道的最幸福的人

★见过的最赞的人

★成为自己精神食粮的事物

★今天为止自己是为了什么而活的

★对自己来说人生的意义是什么

★天马行空的理想生活方式

例如，你可以天马行空地写下这样的理想生活方式清单

理想生活方式清单一例：

★住在法国南部

★在面朝大海的房子里做陶器

★成为知名手工艺人

★和喜欢的人一起世界巡展

★作品影响更多的人热爱生活

昨天看到一本杂志上写着生活在巴黎的建筑家田根刚和料理人野村友里的对话，田根说："从前总认为新的事物有创造未来的力量，但现在好像不是那样的时代了。"野村问："那是什么创造了未来呢？"田根说："我觉得也许是记忆吧。"

我思考了这句话很长时间。什么是能留在你记忆里的东西呢？

对我来说就是小时候和爸爸妈妈背着饭团儿，去植物园野餐的雀跃；是刚刚学会拍照后留下的稚嫩却充满热情的照片；是被初中美术老师赞美之后持续到现在的自信；是经历整整一年，读了上百本书，转战南北写下的这些人生整理清单。这些真诚的投入过得快乐，经历努力和痛苦获得的成长，用正直赤诚的心面对过的记忆，创造了我的未来。

希望你也能写下你的清单，留下你的记忆，创造你有序、有效且美的未来吧。